ダットサン　二人の応援歌

下風憲治

22世紀アート

目次

はじめに

私とミスターK、「ユタカ・カタヤマ」との出会いは、阪神大震災と地下鉄サリン事件の頃、一九九五年五月、ニッサンの新車発表会の会場だった。

一七五㎝・一〇五㎏の巨漢、白髪に白のセーター、濃紺のブレザー、伝説上の男は、北の荒海、海の潮風を長年の友として生きてきた老船長《オールドソルト》のようだった。

九〇年の人生に柔らかくもまれ、白く晒《さら》されたような笑顔が、なぜかとても素敵に思えた。

「片山豊は、会社経営を批判するニッサンの反逆者」

私は、この烙印《らくいん》の前後の事情と真相を本人に直接聞いてみたいと思った。

この年、私はプリンス自動車とニッサン、二つの会社で三十三年、会社生活の定年を迎えた。

「無いと、何かと不便だろう、君に名刺を作ってあげよう」

それは、「アカデミア・ユレカ」スタッフの名刺だった。

ギリシアの哲学者・アルキメデスの歓喜の雄叫《おたけ》び「ユレカ（ワレ発見セリ）」に由来する。

私はユレカの名前と「水に浮ぶ王冠」のマークが気に入った。

アカデミア・ユレカは、自由ケ丘二丁目、片山さん所有のユレカビルにある勉強会《シンポジウム》の名前。

B・C三八七〜A・D五二九まで、アテネにあった世界最古の学校《ギムナジウム》、「プラトンのアカデミア」をお手本にしている。
・構成、学長《マスター》と研究生《フェロー》による「友人《ピロイ》たちの学校」。
・運営、その日のテーマについて、丸テーブルを囲んでの自由な論議。

・男女、ギリシアの市民権は男性のみ、しかし女性の参加も認められていた、男装をして。
・会合、二ヶ月に一度の「共同食事会《シュンポシオン》」質素ながらも香り高い食事、
　友と語り合うための若干の葡萄酒《ぶどうしゅ》。

「ダットサンの物語をかいてみないか」
五年前のある日、片山さんは、その主旋律《メインテーマ》をこう語った。
「昭和十年四月十二日、ニッサン入社のその日、ダットサン一号車がオフライン。
日本の近代工業の歴史が、この日、横浜の地にスタートしたのだ。
私は、ダットサンとの出逢いに、何か運命的なものを感じた。
歴史を物語る紋章《もんしょう》、ニッサン社員の誇りだったダットサン。
アメリカでは、若い人達の憧れであり、子供たちまでも知っていたブランドだった。
この大切な継承資産《ヘリティイージ》を消し去ったのは許しがたい愚行である。
市場《マーケット》の混乱、販売店《ディーラー》の反発、ユーザーの動揺、ダメージは計り知れない。
最近の社長は、クルマの歴史を知らない、自動車会社の社長とは思えないのだ。

アメリカでは今も、一〇〇万台以上のダットサンが走っている、その人達から『ダットサン・アゲイン』という声が来ているのだ。」

その日の夜、私の耳に囁《ささや》く声が聞こえたのだ。
「断ってはいけません、引き受けるのです。
これはお前にしか出来ないことなのです。
片山さんはよく見ておいでになるのです。片山さんの期待に応えるのです。」
その声は祖母のように思われた。
私の生まれと育ちは北海道である。
幼い日々、私は祖母の寝物語りに育てられた。
祖母が語るのは、夜明け前の森に斧《おの》を入れた祖父のこと。
北国の雪と風、寒さに耐え原野を開拓した男たちの物語。
しかし彼らは、北の国の夜明けと共に、森の奥へと消えていった。
祖母のような語り部《かたべ》もいなくなった。

転居、転職を二、三度繰り返すと、痕跡《こんせき》が、身近から何一つなくなるのである。

これは、地域社会でも産業界でも同じなのだ。

今、ダットサンの父、日産自動車の創業者、鮎川義介《あいかわよしすけ》を知る人は少ない。

祖父の橋本増治郎になると痕跡は、限りなく零《ゼロ》に近い。

栄光のファミリー、パワーのある民族の英雄は、辺境《フロンティア》の開拓に挑戦した男たちなのにである。

これはどうして、何故《なぜ》なのだろうか。


会社の歴史は、体温や表情のない「組織」が主人公になる。

私は、ダットサンの物語を「人間」の物語として書いてみたい。

日本工業の辺境《フロンティア》にまっすぐに伸びた一本の道、切り拓いた男たちの喜怒哀楽。

雪の上の足跡を辿りながら、彼らの夢と生きる姿勢を書いてみたい。

もしかして彼らは、日本の工業の最前線《フロント・ライン》、最も苦難の道を拓いてきた、と言えるのかもしれない。

自動車は「国際商品」である。

赤子や幼少期であっても国際競争の主舞台《メイン・ステージ》で優劣を競い合わなければ生存は許されない。

日本では駕籠《かご》にのり、大名が東海道を参勤交代《さんきんこうたい》のため往来《おうらい》していた頃、欧米では鉄道網が国土を縦横《じゅうおう》に走り、鉄鋼業や工作機械工業が急速に整備されつつあった。

そして、「二〇世紀は自動車の世紀」であった。

「近代工業を創るには、自動車工業を確立する外に道はない。」

欧米列強は国の威信をかけ、自動車工業の優劣を競いつつあった。

一方、日本には「工業《インダストリー》」という言葉がなく、唯一の類語《るいご》が「鍛冶《かじ》」の業、江戸期からの刀《かたな》鍛冶、鉄砲《てっぽう》鍛冶、野《の》鍛冶が自動車を支える関連工業の全てであった。

日本と世界、その間には荒野、工業に至《いた》る人跡未踏の原始の森があったのだ。

初めに、荒野に最初の斧を入れた橋本増治郎の足跡を辿《たど》ることにする。

「時」は、日露戦争勝利の六年後の明治四十四（一九一一）年。

「場所」は東京の広尾、国家でも企業でも、その由緒《ゆいしょ》と来歴《らいれき》は大切である。

日本の戦後を軌道にのせ、今なお人気の高い名宰相《さいしょう》・吉田茂の屋敷がダットサンの根《ルーツ》だった。

そして、そこは江戸期に遡《さかのぼ》ると、信州・高遠《たかとう》藩三万石、保科弾正《ほしなだんじょう》のお屋敷。

藩主、保科正之《まさゆき》は、徳川第二代将軍秀忠の四男、第三代将軍家光の異母弟。

後に、会津若松二十三万石の藩祖となる。

今も世界に誇りうる日本の精神文化、「武士道」。

幕末、その精華《せいか》を体現《たいげん》し、唯一、美しく潔《いさぎよ》く散って武士の時代に幕を下ろした会津の男達。

保科正之は、その会津士魂《しこん》を培《つちか》った名君として知られている。

一　橋本増治郎

一・一　渋谷村廣尾八十八番地

東銀座から地下鉄日比谷線でおよそ十分、広尾に着く。

地下鉄駅から道をはさみ木立が見える、聖心女子大である。

駅の左手「アンリツ」の本社前を通り、五分ほど歩くと天現寺橋交差点に至る。

「天現寺橋」と言うのは、ここに川が流れていたことを物語る、渋谷川である。

池波正太郎の人気小説『鬼平犯科帳』の愛読者ならば、女密偵の「おまさ」が、渋谷から本所への戻り道、天現寺川岸の葦簾《よしず》張りの茶店で名物の団子を食べ休息しているシーンから始まる物語、「誘拐」を想い出すに違いない。

天現寺は今もある。

禅宗大徳寺派の古刹《こさつ》で江戸時代から毘沙門天《びしゃもんてん》が有名だった。

天源寺の右側に、十四階建ての広尾五丁目アパートと小さな公園がある。

両者を合わせた土地が広尾八十八番地、戦後のワンマン宰相、吉田茂の屋敷があった。

吉田は竹内明太郎（ダットサンの祖・ＤＡＴのＴ）の実弟ではあるが生後、父・竹内綱の友人、横浜の貿易商・吉田健三の養子となる。

後に養父が亡くなり、若くして莫大な遺産を相続する。

気位が高く、利かん気の気嫌《きむずか》しい少年だった。

耕余《こうよ》義塾（藤沢）、日本中学、高等商業学校、正則英語学校、東京物理学校、……。

現在の一橋大学も、夏目漱石、『坊ちゃん』の主人公の出身校の名もあるが、中学校時代は転校を繰り返す、いずれも校風が気に入らない。

学習院中等科六年に編入、やっと腰が落ち着いた。

当時、学習院は四谷尾張町、院長は公爵、近衛篤麿《あつまろ》、華族子弟の外交官育成に力を入れていた。

吉田は貴族的で自由な校風が気に入ったらしい、高等科・大学科と外交官への道を歩んだ。

吉田家は横浜・南太田にあったが、学習院に通学のため若様用のお屋敷が建てられ、若様はここから白馬に乗って学習院へ通い、本籍地も移してしまった。

明治四十四（一九一一）年七月一日、吉田屋敷の一角に小さな町工場が店開きをした。総員七名、敷地は一四〇坪、事務所・製図室併せて四十九坪のささやかな工場。

「快進社自働車工場」である。

（ニンベンのついた自働車という文字を使っている。

人間が動かし、走り、曲がり、停まる、人間が制御するクルマである。）

工場主の名前は「橋本増治郎」、当時三十七才。

浅草蔵前の東京工業学校を卒業、アメリカで工業を学んだ新進気鋭のエンジニアだった。

頭上にはいつも「カンカン帽」があり、彼の高潔な大志《ノーブル・アンビシャス》を物語っていた。

ニッサン（日産自動車）は平成二〇年に創業七五年を迎えるが、橋本の快進社はその源流であり、ここが出発点とすれば、創業九十七年、会社創立七五年といえよう。

当時の日本は、自転車三十一万台、人力車十三万台、自動車は二四八台。日清・日露戦争に勝利したとはいえ、まだ路上で目にするのは馬車と荷車・人力車だった。

自動車は、ごく一部の上流社会の人たちが、シルクハットを被《かぶ》り盛装し乗っていた、大多数の日本人はその姿さえみた事もない頃だった。

日本でも橋本の前に自動車の製作を試みた先駆者がいた。日本自動車工業会編の『日本自動車工業史稿』に、パイオニア達の物語が詳しいが、代表二名を紹介する。

日本で最初に自動車を製作したのは、岡山の電機修理の工場主「山羽虎夫」である。

山羽は岡山に生まれ、横須賀の海軍造船所や東京の逓信省電気試験所で機械を学んだ。結婚し岡山に戻り「山羽電機工場」の看板を揚げ、機械の修理・改造の注文に応じていた。

発明家で天才的な技術者だった。

十人乗りの「蒸気式バス」、参考となる手引書や資料もなく、独学・自力で、助手の工員はただ一人。

ロクロ式の足踏旋盤二台と、工具はハンマーとスパナだけで作り上げてしまった。

その写真は今も残されている。

工業の縄文時代、火焔《かえん》土器を連想させる乗物。

蒸気機関が動き、何人かの人も乗れた。

弱点はタイヤだった。

市販のソリッドタイヤを求め、リムに四ヶ所ボルト締めにしたが、走るとタイヤが伸びて波うち、はずれてしまう。

やっとのことで目的地まで、十キロほど走ったが走行はこの一回だけだった。

バスの営業には使えず、注文主の倉庫の中でその生涯を終えた。

明治三十七年、日露戦争開戦の頃、明治という時代と男達の天を衝《つ》く心意気が伝わってくる。

ガソリン車の第一号は、明治四十（一九〇七）年、吉田信太郎経営の東京自動車製作所の技師「内山駒之助」によって作られ、有栖川宮家《ありすがわのみや》に納められた。

俗称「タクリー号」、正式名称「国産吉田式」と呼ばれている車であり、十台製作された。

但し、エンジンは国産か輸入品かは不詳。

内山駒之助は十四才の時、機械の勉強のためロシアのウラジオストックに渡り、機械工場で働く。

その工場に自動車が一台あり、その修理を手伝いながら自動車の技術を身につけたという。

帰国後は山羽虎夫もいた東京・木挽町《こびきちょう》の逓信省電気試験所に勤める。

内山は歌舞伎座前で市電を降り、木挽町十丁目の農商務省（現・ニッサン本館）の前を通り、木挽町八丁目の逓信省（現・「銀座・吉兆」、「竹葉亭本店」のある一帯）に通っていた。

途中の花街、新橋の料亭街、角《かど》に立派なお屋敷があり、庭先で一人の紳士が自動車をいじっている、「吉田信太郎」である。

内山は立ち止り見物、それはこう、ああだと話しかけた。

自動車という共通の恋人、二人の意気投合に時間はかからなかった。

それがやがてタクリー号の誕生となっていく。

好奇心・探究心が旺盛、燃えたぎる熱意で昼夜を分かたず自動車製作に取り組む。

機械工場と事務所は京橋区木挽町四丁目九番地。

現在は銀座みゆき通り、木挽橋交差点近く、「弘電社」の本社ビルが建っている。

ボディーの組立工場は二人が出逢ったあのお屋敷、東京府知事の公舎（現在の日鐵木挽ビル）の庭先にあったから、ニッサン本社からコンコンと鈑金《ばんきん》をたたく木槌《きづち》の音が聞こえただろう。

明治の末頃、この他にも、町の発明家や機械好きの男たちが自動車の製作にチャレンジしているが、悪戦苦闘、一、二年のごく短期間に夢破れ挫折している。

部品工業も機械工業もなく、資金も乏しい、砂漠に種をまき花を咲かせるような時代だった。

自動車が出来ても買ってくれる人はいない、舶来品への信仰が絶大だった頃である。

一・二　農商務省、海外実業練習生

橋本は明治八（一八七五）年、現在の岡崎市に生まれた。

岡崎は徳川家康の生誕の地、本多、大久保、板倉、大岡などの「三河武士」ゆかりの地である。

領地は五万石、しかし歴代の藩主は、講談、物語に登場する本多平八郎忠勝の直系子孫だった。

西南の役の前後、何よりも誇りだった岡崎城も、不平士族の占拠を恐れた政府に取り壊された。

会津のように朝敵《ちょうてき》とはならなかったものの、岡崎生まれの人たちに明治維新の風は冷たかった。

静岡県生まれの本田宗一郎は、幼い日々、祖父母に戦国の昔話を聞かされ育ったという。

高天神城の攻防、武田勝頼と徳川方、遠州小笠原一族の物語である。

増治郎少年も、本多平八郎忠勝の武勇や大久保一族の忠義などの三河武士の物語りを、幼い日々に夜毎聞かされて育った。

「武勇を重んじ、信義に厚く、苦難に耐え、簡素第一に生きる」

三河武士の血が色濃く橋本増治郎に流れ、その精神の背骨《バックボーン》をなしている。

増治郎少年の成績簿は、今も橋本家に保管されている。

席次は一番、特に数学、図工、英語が良い。

あだ名は「はくらい頭」、当時、優れものは舶来である。

その秘密は弁当にあり、学友が開けてみると「鰹節の削り粉に醤油」。

この弁当が学校中に流行《はや》ったという。

隣町の挙母《ころも》（豊田市）から生徒が先生に引率され訪問した。

増治郎少年が代表し、歓迎の挨拶をする。

英語で、原稿を持つこともなく、態度も要旨も実に立派なもので、学校の名声を高めたという。

青山禄郎（ＤＡＴのＡ）とは同級、学校近くの青山の生家でよく一緒に遊んだ。

二人の友情は生涯変わることはなかった。

「増治郎君は岡崎に埋もれさすには惜しい少年、是非東京へ出してあげなさい。」

菅井良吉校長が父と兄を説得してくれた。

幸いにも東京、本郷・森川町（東大正門前）の旧岡崎藩主、本多子爵邸の傍に「龍城館」という寄宿舎を設けていた。橋本家は士族では無かったが、大橋本と呼ばれ屋敷門と玄関がある名家であり、龍城館に入ることを特別に許された。


明治二十四（一八九一）年、東京工業学校機械科に入学。

工業における士官学校、兵学校たらんと殖産興業の指導者育成に燃えていた。

午前は講義、午後は実習。

実習には鍛冶《かじ》・仕上《しあげ》・鋳造があり、生徒は鍛冶の向槌打《むこうづちうち》・鋳物の砂振《すなふ》りなどの重労働の毎日。

帰途は身体がへとへとだった。

浅草・蔵前のこの学校から、橋本を先達として工業の黎明期に活躍する人材が巣立っていく。

橋本はここでも主席だった。

卒業生四十五名の進路は紡績・十三名、鉄道・十名、造船・六名、製鉄・二名などだった。

橋本は唯一人兵役に、高等教育の修了者は一年でよかったが、日本国民と同じ三年兵役を志願した。

名古屋・第三師団工兵隊で兵役を終え、「住友別子銅山」に就職、鉱山での機械の修理を担当した。

別子銅山は昭和四十八年閉山となったが、住友系企業の源流となった銅山だった。

明治初期、「石炭の高島、銅の別子」は日本で最も近代化、機械化の進んだ鉱山であった。

しかし橋本は二年で退社する。

別子は当時、煙害問題や大水害のため経営が曲がり角にあり、そして何よりも橋本は自主・独立の意志が強く、鉱山機械の番人で毎日が終わる、平穏な生活が耐え難かったのである。

明治三十五年、東京工業学校・手島精一校長の推薦により「農商務省海外実業練習生」に選ばれる。

橋本のアルバムには、結婚式の写真の次に手島校長のサイン入り写真を配し、「恩師、一生お世話になった東京工業学校長」と記されている。

「海外実業練習生ヲ命シ練習補助費月額五拾円給与ス　明治三十五年二月十七日、農商務省」

当時の農商務省は木挽町《こびき》十丁目七番地、関東大震災で炎上、霞ヶ関に移転するまでここにあった。

農商務省前の道路に、大勢の人たちが列をなし何かを待っていた。

「何かあるのですか」と訊ねてみると
「もうすぐ天子様が、宮城《きゅうじょう》（皇居）にお帰りになられるのです。」と。
ロシアと日本の関係が険悪になっていた、
今日も海軍大学で御前《ごぜん》研究があったらしい。
この道は宮城と海軍（海軍大学・水交社・海軍病院……）を結ぶ最短コース。
異国の侵略から国土と国民を守る、国の運命は帝国海軍の双肩にかかっていたのだ。
土地の人たちは敬愛をこめ、この道を「みゆき通り」と名付けた。
古来《こらい》、「行幸《みゆき》」は天皇のお出かけのみに使われ、
退位した上皇、法皇の外出は「平家物語・大原御幸」のように「御幸《ごこう》」と呼ばれる。

橋の向こうから天皇旗を先頭に、騎馬の列が姿を見せた。

橋本は橋のたもとに直立、敬礼し出迎えた。

橋本は背広姿の民間人、しかし心は、名古屋第三師団、第三工兵大隊、一等軍曹、橋本増治郎に戻っていたのだ。

敬礼する長身の男に、目を留められたようだった。

「たのむぞ」、という意味の言葉の響きが、橋本の心に伝わっていた。


辞令を手に橋本は妥女橋《うねめ》の上に立っていた。

日本の工業のために一身を捧げることの喜び。

熱い思いの橋本の胸に海からの潮風が心地よかった。

今ここに本社のある会社の歴史は、そのときに始動していたのだ。


海外実業練習生は、高等教育を受け民間に働き将来の指導者となる青年に、海外で実地に勉学の機会を与え、日本実業界の若芽を育成しようとする施策だった。

東京工業学校からは年一名、それ迄に三名の先輩が欧州に派遣されていた。

橋本は新興の工業国、アメリカを志望した。

紐育《ニューヨーク》帝国領事館の紹介で、フィラデルフィアの造船、工作機械、鉄道車両の会社を見学する。

見学した会社には「ブリル自動車工場」の名前もある。蒸気自動車の工場、親切に全工程を案内され、カタログも貰うが、この頃の橋本の関心は自動車には無かったようである。

世界的な機関車の製作会社、「ボールドウィン社」に勤めるが、大規模すぎて二週間で退社。

その後、オーバン市の「マッキントッシュ＆シーモア社」に勤務、小規模な蒸気機関の製作会社。

当初二年は現場、機械加工と組立、三年目は設計を担当した。

橋本は、日曜日には近くのメソジスト教会に通っていた。聖書の勉強というよりは、バビット牧師の話から産業社会における指導者のあり方を学んでいた。

橋本は印象深かった言葉として日誌に「高潔なる大志《ノーブル・アンビション》」と記している。

札幌農学校・クラーク博士の教え子達への別離の言葉「少年よ大志を抱け《ボーイズ・ビー・アンビシャス》」に日本の青年達は感動し、心を強く揺り動かされた。

橋本が聞いた〝大志《アンビション》〟とは、荒野への使いとして「辺境《フロンティア》」に生きる人達の心のあり方だった。

辺境では、寒さや飢えと闘い、寂しさと共に生きねばならない。

大志とは、寒さから心を暖める胸中の灯であり、寂しい時の語らいの友だった。

二〇世紀初頭のアメリカ、西部の未開地はなくなっていたものの「新しい辺境《ニューフロンティア》」が広がっていた。工業が生まれ、新しい産業が誕生していたのである。


橋本の英文日記に最も多く登場するのは極東情勢、日露戦争が始まっていた。民族の運命がこの一戦にかかり、敗北はそのまま民族の滅亡を意味すると信じていた。貯えの中から、母親「くら」の名前で日本赤十字社に一五〇円を寄付。

また、日本政府の外国債を二〇〇ポンド購入した、二千円以上の大金だった。

橋本の毎月の生活費は三〇～四〇円、これでも日本に比べ豊かな生活ができた。収入は海外実業練習生として領事館から毎月五〇円の送金があり、マッキントッシュ社からの給料が七十五円だった。

橋本にはいざという時に備えて、かなりの蓄えがあったのである。

気掛りもあった。

マッキントッシュ社への蒸気機関の注文が減っていた。

大型の蒸気機関から、小型・簡便で熱効率の高い「石油機関」への変化だった。

街を走る自動車も蒸気自動車から「ガソリン自動車」へと、その主役が変わっていた。

その流れを決定づけたのは、一九〇一年テキサス・スピンドルトップの大油田発見とオールズモビル社の「カーブドダッシュ」の発売、一五六五cc、四・五馬力で六五〇ドルの廉価だった。

安くガソリンが手に入り、自動車は大衆の手に届く領域に近づきつつあった。

映画「ジャイアンツ」、ジェームス・ディーン扮《ふん》する牧童が大油田を掘り当て狂喜するシーン、

そのモデル、スピンドルトップの大油田発見は、「二〇世紀はアメリカの世紀」の幕開けであった。

日本の文明開化は黒船と鉄道、蒸気機関に始まった。

橋本が東京工業学校で学び、アメリカで修行した蒸気機関の技術が時代遅れになっていたのだ。

橋本は、マッキントッシュ社から二ヶ月の長期休暇を貰い、ニューヨークへ向った。領事館を訪ね、日露戦争についての最新情報を聞いた。

名古屋・第三師団の予備役には動員令が発令されていなかった。海外実業練習生は日本政府の公式研修生、申請により動員除外が認められているとのことだったが、橋本は除外申請をする意志のないことを告げた。

マッキントッシュ社の現状を話し、今後の相談をした。

「シカゴ・デトロイトに行ってごらんなさい、ヘンリー・リーランドという人を紹介します。」

北東部の諸都市、なかでもフィラデルフィアは南北戦争の前後、アメリカ工業の中心地であった。造船、造機、鉄道車両製作などの工業が盛況だった。

しかし橋本がアメリカの土地を踏んだここ数年間、かつての繁栄に影がさしていた。蒸気機関からガソリン機関へ、そしてもう一つの変化、工業の中心地が北東部の都市・ボストン、ニューヨーク、フィラデルフィアから、中西部のシカゴ、デトロイトへと移っていたのである。

橋本のいたオーバン市は北東部の都市とデトロイト、シカゴを結ぶ幹線の中間地点にあった。

シカゴは高層ビル「摩天楼」が盛んに建設され、ルイ・サリバンなどシカゴ派と呼ばれる建築家が活躍していた。後に日本で帝国ホテルを設計するフランク・ロイド・ライトもその一人だった。

摩天楼から地上を見下ろした橋本の目に映ったものは、沢山の「黒い蟻」。列をなし前へ後ろへと自動車が人と物を運ぶ光景が橋本の目に強く焼きついた。デトロイトは「モーターシティー」になりつつあった。

ロコモビル、スタンレイ、コロンビア、ポープなどの蒸気自動車は北東部の州で作られていたが、

「オールズ」、「フォード」、「キャデラック」、「ビュイック」……。

ガソリン自動車の工場はデトロイトに集まっていた。

デトロイト周辺のミシガンの森は硬木を産し、昔から馬車、荷車の製造が盛んだった。

五大湖の要衝《ようしょう》にあり、船舶エンジンの修理、製作など、機械工場が多く、部品工業を必要とする自動車工業の立地に適していた。

ガソリン自動車は内燃機関、その「キー・テクノロジー」は鋳物技術である。

五大湖の冬は寒く、大型で火力が強い鋳鉄のストーブが盛んに造られ、これは生活必需品、
デトロイトには木型工、鋳物師などの腕の立つ職人達が揃っていたのだ。

キャデラック社のヘンリー・リーランドは白い顎髭《あごひげ》の技術者だった。

部品の精度を測定してみせながら、橋本に「精密《プレシジョン》」と「互換性《インター・チェンジャブル》」の重要性を語

った。

機械工場では自ら機械のハンドルを操作し、エンジンの加工法を説明してくれた。

彼は大学出の技師ではなかったが、エジソン、フォードと同じくアメリカの工業を創った「穀物小屋の技師達」(Barn engineers)として畏敬され、「デトロイトの親父《おやじ》」(The grand oldman of Detroit)と呼ばれ人々から敬愛されていた。

日露戦争当時、紐育帝国領事館は、こうしたアメリカの工業の事情にも通じていたのである。

これからの時代の主役は内燃《ないねん》機関、自動車である、自分の進むべき道はこれだ。

しかし橋本にはデトロイトで自動車を勉強しなおす余裕はなかった。

日本から電報が届き、名古屋第三師団から予備役の動員令が伝えられていた。

天皇と国家の為に一身を捧げることが、何よりも名誉であり、男の大事であった。

マッキントッシュ社の人々は橋本との別離を惜しんだ。

ロシアは世界最強の陸軍国であり、世界最大の海軍国であった。

日本が獰猛《どうもう》な北の白熊、大国のロシアに勝てるとは、オーバン市の人々は誰も考えなかった。

日本の敗北を予想し、別離を悲しみ、前途ある橋本の未来と才能を惜しんだ。

帽子が廻され募金が集められ、コネチカットの時計会社に懐中時計が特別に注文された。

銀の裏蓋にはマッキントッシュ&シーモア社の人々のサインが刻まれた。

一九〇五年四月、橋本はオーバン市に別れを告げ、ニューヨーク経由で日本への帰途を急いだ。

一・三　田、青山、竹内（DAT）、三人との出逢い

橋本は名古屋第三師団・第三工兵大隊に応召するが、技術将校に抜擢され、「東京砲兵工廠《こうしょう》」に転属、「機関銃の改良」を命じられた。

日露戦争の旅順攻防戦、乃木将軍を苦しめたのはロシア軍、チェコ製の機関銃だった。それに対し、日本軍の機関銃は銃身が焼け、弾が詰まり連続射撃ができない。工業力、技術力の差であり、材質と加工技術の遅れが要因だった。夜を日に継いで改善にあたる、ここも戦場だった。

明治三十八（一九〇五）年九月、三ヶ月で戦争が終結した。

橋本は押上工廠長から「中島工場」技師長を依頼された。中島工場は砲兵工廠に銃器製作用の旋盤・フライス盤を納入していた。日露戦争後、日本陸軍は陸軍工廠を維持するため、外部発注を打ち切り、内製への転換を図った。

今でも軍需工業の平和産業への転換は難事である。日露戦争後の経済不況も重なった。

そして最も障害となったのは、明治日本の「船来信仰」。当時の官庁・企業では、外国製の輸入機械が故障したり、性能を発揮しなくとも問題にはならなかったが、国産機械の場合は担当者の責任が問われたという。（高橋亀吉『日本近代経済発達史』）

神奈川条約以来、日本には関税自主権はなく、明治三十七年の条約改正により、自主権が認められていたものの、税率は五％と低く、無きに等しい。

日本は工業の育成より、安い値段で外国製品を購入できる道を選んだ。

日本人が機械を作れるとは、当時の政府も日本の社会も思いもよらなかったのである。

橋本の努力もむなしく中島工場の経営は行き詰まり「九州炭鉱汽船」に買収された。

日露戦争の終結により、男爵・田《でん》健治郎（ＤＡＴのＤ）は三十二年間に亘る官途を退いた。

いくつかの実業界進出の話しが持ち込まれ、その中に「崎戸炭鉱《さきと》」があった。

乱掘《らんくつ》により荒れてはいるが有望だという。

九州炭鉱汽船が設立され社長に就任。

しかし田は鉱山には全くの素人、橋本に白羽の矢が立った。

「自分は機械技師、炭鉱技師ではない」と断ったが、「着炭《ちゃくたん》まで」の約束で就任する。


「長崎にはバスが走っている」

東京砲兵工廠長・押上森蔵陸軍中将の媒酌で結婚した新妻「とえ」にはこう告げたが、離れ小島で、商店も病院も何一つ無い弧島(長崎県西彼杵《にしそのぎ》郡崎戸村)での新婚生活だった。

別子銅山での経験で橋本には多少の鉱山知識はあった。

実地を探索し、土地の古老達の話を聞き、中島工場から工員を呼び寄せ、ボーリングを開始する。

しかし、その方法は型破りだった。

「ボーリングの夜間作業は錐《きり》を落とした場合、これを摘出するのに長時間を消耗するし連続作業で機械の点検が不十分の為、根太《ねぶと》に緩みを生じて故障が続出する。だから徹夜作業は徒労である。」

業界の常識「探鉱は昼夜兼行の徹夜作業」を採用しなかった。日没を待たずに作業を停止、機械に注油、点検を行ない、工員には充分な休養を取らせた。

新聞は橋本のやり方を「非常識だ」と非難、失敗の予告を記事にした。

『田健治郎傳』によれば、汽車と汽船を乗り継ぎ、片道四日、崎戸炭鉱を前後十四回視察している。

一度や二度は橋本の新居で、新妻の手料理を味わいつつ、夜遅くまで語り合ったに違いない。

探鉱の計画と実績、技術者としての信念。

青山禄郎の話、青山は田が目をかけていた逓信省時代の部下だった。

それぞれの日露戦争の想い出。

米国での生活、シカゴ・デトロイトで考えたこと。

橋本の自動車にかける夢と決意も。

その夜、社長・田健治郎男爵と共に相談役・竹内明太郎の姿もあったに違いない。

探鉱は大成功。着炭は二鉱に及び、同業者をして「唖然《あぜん》たらしめた」という。

国立国会図書館、憲政資料室に保管されている田健治郎の日記には「昨日、崎戸来電、坑内試錐五十一尺着炭。本日詳報、炭層七尺一寸、炭質良好。」、また「夜来暴風雨、坑内出水」などの記述も見られ、それまでの心労が重なっていただけに、田健治郎の喜びの心情が伝わってくる。

盛大な「着炭祝」、田、青山、竹内、橋本、明治の男達の友情と信頼の絆が固く結ばれていた。

橋本の着炭功労金は一二〇〇円であった。

(米価を基準に換算すると三,二〇〇倍、現在の四〇〇万円となる)

当初の約束通り、橋本は崎戸炭鉱所長を辞し、東京に戻り自動車の勉強を始めた。

日本の自動車工業の黎明期を語る場合、タクリー号のパトロン・有栖川宮威仁《たけひと》親王殿下と「大倉喜七郎」の名前ははずせない。

喜七郎は七年間のケンブリッジ大学留学中、ブルックランドの自動車レースで二位に入賞した日本人レーサー第一号、明治四十年の帰国に際し、フィアットなど五台の自動車を持ち帰った。

その後、タクリー号の販売不振で経営が行き詰っていた東京自動車製作所を支援する。国産車の製作は断念、工場を芝三田小山町に移し、大日本自動車製造合資会社（日本自動車）に改組し、自動車の修理と輸入車の販売を行なっていた。当時の自動車知識の第一人者である。

橋本は大倉喜七郎に相談、大倉は橋本に困難な事情を指摘、思いとどまるように忠告している。

その理由は、

一、自動車の製造より、部品を製造する方が利益がある。
二、自動車製造は簡単ではない、国の工業全体が進歩することが必要だ。
三、自動車製造はまだ日本には時期尚早。

の三点だった。

しかし、橋本の意志は変わらなかった。

橋本の強い意志を知った大倉喜七郎は支援を惜しまなかった。

外国車の修理に立ち合わせ、エンジンを分解、その原理や仕組み、鋼材の用途と性質を学ばせた。


橋本は、京橋・明石町《あかし》三十一番地、聖路加病院の近くにあった竹内鉱業所を訪ねていた。

崎戸時代、竹内から新鮮な野菜が届けられるなど、お世話になっていたのだ。

竹内明太郎は、橋本の相談に乗り、助言を惜しまなかった。

「年期《ねんき》がかかっても、自信が持てるものを作ることだ。

工業は人を育てることが、何よりも大事なのだ。

妻子がいる。暮らしが立つ手立《てだ》てを考えること、自動車の修理などがよいのではないか。資金は田男爵と相談してみよう。土地は心当たりがある、私が引き受けてもよい。」

一・四　DAT（脱兎）自動車の完成

明治四十四（一九一一）年四月十日、宿毛《すくも》市立宿毛歴史館所蔵の『竹内明太郎日記』に、「橋本増治郎君来社、共に広尾・吉田地所に至り同人に貸与の地所割りをなし六時帰宅。」

快進社は麻布笄《こうがい》町一四二番地の竹内家とは徒歩十分の近距離、前を流れる渋谷川は芝浦に至る。

そこには「芝浦製作所（現・東芝）」があり、流域には工部省製作寮「赤羽製作所」もあった。

立地には申し分ないと橋本は思った。

橋本がアメリカで住んでいたニューヨーク州、オーバン市は工業の町だった。通りや家は美しく花で飾られ、人々は工場で働くことに誇りを持っていた。

橋本は、工場で働く人達の意識を高めることが工業の発展には不可欠との認識を持っていた。

明治になっても「士農工商」の身分序列が引き継がれていた。

そこは「親方《おやかた》・徒弟《とてい》」の社会であり、働く人達は「職工《しょっこう》・小僧《こぞう》」と呼ばれていた時代だった。

橋本は職工・小僧ではなく「工場員」と呼び、和服に替えて「就業服」を定めた。

この服は橋本夫人が横山町まで出向き、生地を求め、ひとり一人の背丈を測り縫い上げたもの。

山形・上《かみ》の山町の士族・森本家の娘として和裁の心得はあったものの、洋服の裁断は初めてである。

生地と一緒に洋裁の本を求め、これを参考に型紙を起こし徹夜で縫い上げた。

手動・卓上式のシンガーミシンは今も橋本家に保存されている。

快進社自働車工場への出資金は、田健治郎（二〇〇〇〇円）、青山祿郎（二五〇〇〇円）、竹内明太郎（二五〇〇〇円）橋本増治郎（四七〇〇〇円）の合計、一万一七〇〇〇円。

（米価を基準に換算すると、現在では二六〇〇〇倍、約三〇〇〇〇万円となる。）

設備はフライス盤（ブラウン・シャープ社製）・一台、旋盤・二台（一台は蔵前工業製）。

「機械の素姓《すじょう》は、製品の品格《クオリティ》を物語る」

ブラウン・シャープ社製フライス盤は、当時世界第一級の工作機械、橋本のいた東京砲兵工廠《ほうへいこうしょう》にのみ、日露戦争時十八台輸入されていただけの貴重品。

『蔵前工業誌』には、ある種の機械を自製していた記述が見られる。

優秀な技術スタッフと超一流の設備が揃っていた。

当時の日本の機械工業では困難な技術課題の時、生徒の実習も兼ねて、特殊の機械を製作していた。

市販されないものである。それ故、蔵前工業製旋盤一台は自動車の国産という荒波に船出する橋本増治郎への、校長手嶋精一と機械科教員一同からの「声援」を意味しているようにも思う。

橋本と工場員小林栄司、倉垣知也、本田新蔵、藤井鉄造、福田龍雄、徳武豊吉、田中市郎の七名。

皆、自動車には未経験の素人、そのため技能の習熟と訓練が必要であった。
・輸入車の組立
英のスイフト、仏のプジョーなど八台の部品を輸入し組み立てた。
・自動車修理
・日本製実用車の製作
橋本はこれを、工場経営の三本柱とした。
修理車は、四十五年に収入・六三一七円、支出・五三二六円、台数は推定で約三〇台。
快進社、工場員七名の平均給料が二十円の時代、一台が平均し三百円を超えている。
自動車はごく一部上流階級のステータスだったことがわかる。
自動車修理の収入は、工場の操業維持の大黒柱となっていた。

《ダット設計一号車》
「外国品の見取り構造によらない独自設計。四気筒、十五馬力、速力二〇マイル」
「設計の大要は、偶々《たまたま》最近設計されつつあるフォードカーに類するを見るは奇というべし」

橋本はフォードと同じ目線に立っていたのだ。

予期していたとはいえ、苦難の連続だった。

澁谷川の一の橋から古川橋にかけては鍛冶の工場もあったが、部品の製作を引き受けてくれる工場はどこも無かった。頼み込んで承知してもらっても、「製作不能」と断りの連絡があり、その繰り返しだった。

特に困ったのは「鋳物」である。

木型が出来、やっとの思いで鋳物が吹き上がってくる。

しかし、機械加工すると鋳物巣《す》があり、何度やっても完成品が得られないのだ。

橋本の設計したのは「水冷」のガソリンエンジン、構造が「空冷」に比し複雑になる。

気化したガソリンが、圧縮・点火・膨張・排気のサイクルを高速で繰り返す。

高温となった燃焼室《シリンダー》を、冷却水の水路が取り囲む、いわゆる「ウォータージャケット」と呼ばれる仕組、二重構造になっている。

当時の日本の工業水準をはるかに超えた技術。極めて困難な製作課題だった。

設計一号車は、空しく挫折に終わった。

四歩後退、二歩前進。

目標をV型・二気筒・十馬力に下げ、シリンダーは一気筒ずつ鋳造、ボルトで締め付けた。

ホイール、リム、マグネット、プラグ、コード、ボールベアリングを除き国産品を使用。

「耐久と経済との方向により特に設計せる純然たる国産車」が完成した。

大正三（一九一四）年三月、東京・上野公園で開催された「東京大正博覧会」。

「ＤＡＴ（脱兎）自動車」と命名し出品、銅牌を獲得した。

田健治郎・青山禄郎・竹内明太郎、三人のイニシャルを組み合わせての命名であった。

ダット一号、最初の試乗者は誰か。それは岡崎の旧藩主・本多子爵のようである。

龍城館時代、御世話になり特に目をかけられていた。

本多子爵は自動車が初めてだった。

「橋本、大丈夫か」

「はい、大丈夫です。心配ございません」

「それなら乗ってやろう」

ところが、暫らく走って止まってしまった。どうしても動かないのだ。

「どうしたか橋本」

「はい、今しばらく」

自動車への好奇心、子供も大人も大勢集まってくる。

無理にお願いし乗っていただいたが、冷や汗だった。

翌日、お礼に伺った橋本に、子爵はこう声をかけた。

「橋本、昨日は苦労をかけたな、自動車は楽しかったぞ、日本の実業のためじゃや、これからも精進してくれ。」

橋本は感涙し、思いは声にならなかった。


田健治郎が試乗したのは、翌年の七月だった。

『田健治郎日記』に「十時、橋本増治郎氏来訪、請新造自動車第二脱兎号。即約為皇霊殿参拝乗用、十一時半輿篤、装大禮服同乗ヲ脱兎号、参入ヲ賢所、正午参拝皇霊殿、暑気頗烈」

試乗といっても、その辺をひと廻りという訳にはいかない。晴れの舞台の日である。

田健治郎男爵は大礼服、長男・篤《あつし》と共に宮中の皇霊殿《こうれいでん》の参拝を行なった。

「暑気頗烈《すこぶるはげし》」はクーラーの無い七月、猛暑のせいか、或いはダット号が宮城で故障し、「冷汗三斗」の思いだったかは不明である。

無事、恙《つつが》無く田健治郎男爵の試乗が終わったものと思いたい。

ＤＡＴ自動車完成の夜、橋本は、玄関に出迎えた妻に、

「お母さん、お酒あるかい」と。

辺境の生活に耐え生き抜いた男とその妻が、生涯忘れえぬ喜びを分かち合った瞬間だった。

大正五（一九一六）年十二月、「ダット四一型」が完成した。

苦節三年、当初の目標（水冷四気筒、十五馬力、速力二〇マイル）に到達した橋本の自信作だった。

しかし試作車が一台できたといっても、それが即、工業生産には結びつかない。自動車の部品点数は約五〇〇〇点、日本の工業全体の水準が向上しないと「量産」は出来ないのである。一九一六年のアメリカの自動車生産台数は、一六〇万台に達していた。日米の「工業力」の格差、そしてそれ以上に日米の「購買力」の格差があった。

橋本がオーバン市に働いていた十三年前の一九〇三年、フォードはフォード自動車会社を設立。

フォードA型（二気筒・一・六四七cc・八馬力）を八五〇ドルで売り出し、一七〇八台が売れた。

次のB型は一六九五台、C型は一五九九台と売れ、経営は軌道に乗り、資本を蓄積、T型の本格生産を準備することが可能となった。

大正二年の田・青山・竹内の三氏への報告書には「自動車ノタメ、工場ヲ如何ニ今後発展セシムベキカハ依然トシテ難問ナリ。蓋《ケダ》シ、製作工業ハ大勢上、益々多量製作ニヨル価格低廉ヲ以テスル経済戦ナレバ、限ラレタル市場ニ、多種類ノ車ヲ供給セントスル事ハ難事ニシテ、必ズヤ或《アル》種ノ車両ヲ製作シテ、広クソノ販路ヲ開拓スルノ法ニヨラザルベカラズ。而《シコウ》シテ、此《ソノ》目的トシテハ、一《ヒトツ》ハ小型ノ実用自動車（自家用車）ト、一《ヒトツ》ハ運搬又ハ乗合ニ用フル営業用車タルベシト思ハル」と記述されている。

・「或種ノ車両」、ダット四一型は完成した。
・「実用自動車（自家用車）と運搬又ハ乗合ニ用フル営業用車」の両立。
（エンジンとシャシーを共用の、セダンとトラックを生産しコストの低減を図る。）
・「多量製作」のための新工場建設。

広尾の快進社は、橋本の自働車研究所の性格に近く、多量製作には新しい工場が必要となる。

橋本の前途を立ち塞ぐ高い山脈であり、困難な課題であった。

南北戦争後のアメリカは英・独・仏・露と並ぶ世界の五大列強の一だった。

それが第一次世界大戦が始まった一九一五年には世界の工業生産のダントツの第一位に。

躍進の原動力は、デトロイトの自動車工業だった。

一九一六年に一六〇万台、一九二三年に二四八万台、一九二六年には三三二万台に達していた。

日米の工業力はアリとネズミから、アリとゾウさんの格差にまで広がっていたのである。

橋本が次のステップに進むまでの二年間、足踏みの期間、考える時間があった。

竹内明太郎から「小松鉄工所」の設立にあたり、技術指導を依頼された。

大正六年、快進社社長を兼務しながら、小松鉄工所の初代所長に就任。

東京―小松を往復する中で、橋本の計画は次第に固まってきていた。

橋本は大正七（一九一八）年「株式会社快進社」を設立した。

現在の西武池袋線・東長崎駅北側の一帯六〇〇〇坪、東京府北豊島郡長崎村三九二二番地。

武蔵野の面影を残しており、土地の人はこの一帯を「ダットが原」と呼んだ。


資本金は六十万円。

株主は橋本増治郎、田篤、田艇吉（健治郎の兄）、青山禄郎、青山伊佐男、竹内明太郎。

「小松製作所の幹部社員」白石多士郎、田中哲四郎、吉岡八二郎、松本俊吉、各務《かがみ》良幸、

「早稲田大学教授」の山本忠興、中村康之助、岩井興助、

「快進社の技師と工場長」の小林栄司と倉垣知也など、九十一名の出資者が集まった。

白石多士郎は竹内の妹の子、東長崎の土地六〇〇〇坪も提供している。

専門は土木工学、「白石基礎工業（株）」の社長。

関東大震災の復興の時には専門技術、「圧気潜函《あつきせんかん》工法」により両国橋、蔵前橋、厩《うまや》橋、
駒形橋などの再建に貢献した。

建坪六〇〇坪、機械工場、仕上工場から試運転環路まで、ひと通りの機能を備えていた。

設備は、クランク軸研磨盤、グリーソン歯切盤など、専門工作機を二〇余台輸入した。

精度の高い機械部品の製作がこれで可能となった。

部品毎に一葉の部品図を作成し、製品はリミット・ゲージで検査をした。

道具室では、巡査上がりの道具番が出入りを管理し、カッター刃物は専門の工場員が集中して研磨した。

一・五　いつかこの地は花に満ち、人々は誇りもち歩く

アレクサンダー大王、ジンギスカーン、源義経、ナポレオン……。

古今と洋の東西を問わず、戦場で勝敗を決めるのは「兵の機動力」。

その主役は人類の歴史上、長い間「馬」だった。

馬から「鉄道」に主役が代わったのがアメリカの南北戦争（一八六一～六五）。

線路の破壊と中継駅の攻防が勝敗の分岐となった。

映画、「風と共に去りぬ」のクライマックス、アトランタ中央駅の炎上シーンが南軍の敗北を物語る。

しかし、鉄道が主役の期間は短かった。

第一次世界大戦（一九一四～一八）の後半には戦場に「自動車」が登場した。

パリを走っていたルノータクシーが兵員輸送に徴発され、その活躍が連合軍勝利の一因となった。

日本軍でも、東京・大阪砲兵工廠が試作したトラック四台が青島攻略戦に参加、砲弾輸

送に役立つことが証明され、その結果、大正七（一九一八）年三月「軍用自動車補助法」が公布された。

この法律は、製造者には製造補助金（一輌三〇〇〇円以内）、使用者には購買補助金（同一〇〇〇円以内）、維持補助金（一年六〇〇円以下）を政府が支給し、一旦戦争となった場合、徴発し軍の輸送力を確保しようという内容である。


橋本はこの法律に細い一本の道、自動車工業の可能性を見い出したと思った。

ダット四一型とエンジン・シャシーを共用する軍用保護自動車（トラック）を生産、その基盤の上でダット四一型車（乗用車）を製作するという方針を取った。

大正十一年、ダット四一型をトラックに改造し申請したが、陸軍から不合格とされた。

理由はボルト・ナットが軍の規格に合わないことだった。

軍は一種独特のネジサイズを用い、車の修理に市販の部品が使えない、不合理なものだった。

陸軍が橋本の主張を認め、規格を改正したのが二年後、ダットトラックは検定合格となった。

株式会社快進社となって、五年余りの貴重な年月が流れていた。

この間、大正十一年の「平和記念東京博覧会」にダット四一型を出品、東京府金牌の栄誉に輝いた。

第一次世界大戦（大正三〜七年）により、日本の工業は活況を呈し、

大正六年、東京瓦斯《ガス》電気工業（ＴＧＥ）

同七年、石川島造船所（ウーズレー号）

同八年、実用自動車（ゴルハム号）

同九年、白楊社《はくようしゃ》（アレス号）

自動車製造に進出、銀牌はゴルハム号、銅牌はアレス号だった。

第一次世界大戦の終結と共に、世界的に深刻な「反動不況」が襲来した。

大正十三年には関東大震災が追い討ちをかけ、これを契機に米国資本が日本に進出する。

日本は朝野を挙げて米国資本の進出を大歓迎というムードだった。

大量生産された安価な部品がアメリカから船で輸入され、日本の組立工場でコンベアによる流れ生産方式により組み立てる、ＫＤ（ノックダウン）生産である。

全国に販売代理店が置かれ、フォード、シボレーは瞬《また》く間に日本市場を制圧していた。

国産車にとって、日照りと乾燥の日々の後に、激しい砂嵐の襲来、致命的なダメージとなった。

「自動車は国際商品である。」

赤子や幼少期から国際競争の主舞台《メインステージ》で優劣を競い合わなければ生き残ることが許されない。

ダット四一型は、月産二台から四台がやっと、量産されること無く終わった。

若芽は砂に埋もれ、若木は花を咲かすこともなく砂嵐に倒れてしまった。


（株）快進社は大正十二年、従業員を半数の三十人に減員、資本金を十分の一に減資。

九十一名の株主名簿の末尾に、二人の見知らぬ女性の名前があった。

東京・牛丸梅子

愛知・上原喜代

共に五株を購入、一株が五〇円で二五〇円の出資になる。

大学出のお役人の初任給が七〇円、教員や巡査の月給が二〇円の時代であったから、主婦のへそくり、若い女性のお小遣いの範囲ではない、思い切った大金の投資である。

誰かに相談すれば、きっと大反対される、そんな時代でもあった。

お嫁入りの仕度にと、長年少しずつ貯えておいたのであろうか。

アメリカにも同じような例がある。

一九〇三年、フォード自動車が設立され、出資者は十二名。その中に女性が一名、総支配人、ジェームズ・クーザンの妹で、学校教師のロゼッタである。

彼女は貯蓄の半分、一〇〇ドルを払い、フォードの株式を一株購入した。

十六年後、一〇〇ドルは二十六万二〇三六ドルになり、九万ドルの配当金も受け取っていた。

当時の為替相場では、二五〇円と一〇〇ドルは、ほぼイコールである。

しかし、投資のリターンは天と地、天国と地獄の格差があった。

快進社に投資した二五〇円は十分の一、二十五円になってしまったのだ。

二人は、家族や親族の間では笑い者にされ、身も心もボロボロになっていたに違いない。

しかし、もしかして二人は、苦難期の快進社にも、声援を送り続けていたのかもしれない。

そんな自分に満足し、誇らしく思っていたのかもしれない。

与謝野晶子の歌集、「草の夢」の

敹初《ごうしょ》より　つくりいとなむ　殿堂に
　われも黄金《こがね》の　釘《くぎ》一つ打つ　　（敹初：この世のはじめ）

日本の自動車工業の基礎と構造のどこかに今も、二本の黄金の釘が燦然《さんぜん》と輝いているに違いない。

経営は困難を極めていた。工員の賃金支払いに困窮したことも数度に止まらなかった。

その都度、橋本は子供達の貯金まで引き出し、定日の支払いを守った。

ある時、退職工員が退職金の不満を訴えてきたという。

橋本は「私の家庭に貴君の家以上に贅沢な衣類や調度品があったら、何品でも良いから自由に持ち帰ってくれ」と応答したので、

「私の思慮が浅うございました、成功してください。」と涙ながらに帰ったという。

橋本家の生活信条は「簡素第一」で慎《つつ》ましいものだった。

とゑ夫人は工場員の制服だけでなく、子供達の洋服やズック靴をシンガーミシンで縫い繕った。四男三女をもうけ、清貧そのものの生活の中にも、精神的な豊かさを感じさせる独自の生き方があった。

夫人は自分で縫ったお気に入りの和服姿で、秋・冬を過したが英国製の洋服地を裁断したもので、その和服姿は子供達の目にいつも素敵なものに映っていた。

橋本は相変わらずのカンカン帽に洋服。橋本家の子供達は、小学校で「外人の子、外人の子」と囃《はや》されたという。

夫妻とも、当時の日本人としては長身であり、美形、彫りの深い容貌の持ち主だった。

当時は東京の郊外、ダットが原、長崎村の子供達には、荷車を引き、田や野で働く自分達の親と比べると、まるで外人夫婦のように、どこか遠くの国からやってきた異邦人のように見えたのかもしれない。


橋本に大阪の「実用自動車」との合併の話しが持ち込まれた。

仲介者は陸軍の自動車行政の責任者・能村磐夫《のうむらいわお》陸軍中将、氏の妹は青山禄郎夫人である。青山の周旋《しゅうせん》の結果だった。

同社は大正八年、久保田鉄工所の創業者・久保田権四郎など、大阪財界の実業家により設立、資本金一〇〇万円、月産生産能力五〇台の本格的自動車工場。

ゴルハム式三輪車、ゴルハム式四輪車、リラー号を製作していたが、売れ行き不振で軍用保護自動車への転進の道を探していた。

大正十五年九月、両社は合併「(株)ダット自動車製造」が誕生、社長は久保田権四郎、橋本は専務取締役となった。東京・大阪に工場はあったものの主力工場は大阪。これまで快進社で働いていた工場員は、橋本と共に大阪に移り住んだ。

フォード、GMが年間三万台、日本市場の九十八％を制圧、日本の乗用車は全滅であった。

日本はアメリカ自動車工業の植民地になっていた。

「アレス号」、「オオトモ号」を製作していた豊川順弥《とよかわじゅんや》の白楊社も昭和三年に倒産。

軍用保護自動車、年間四百台弱の補助予算の枠内でダット・石川島・瓦斯電《がすでん》の「国産三社」のみが、かろうじて経営を維持していた。

ここだけが谷川の水を求めて喘《あえ》ぐ鹿達にとって、唯一残されていた命の水場となっていた。

昭和二年、三十四台

同三年、一一七台

同四年、一一三台

同五年、一三七台

ダットトラックは五一型、六一型、七一型と改良が進み、軍の評価も高まった。軍用保護自動車の予算枠も増加し、着実に実績も上がっていた。

苦しい中でも技師たちの心の中にある思いが生れていた。

蛹《さなぎ》が必死に殻《から》を破り、脱皮し、蝶になろうとしていたのだ。

「乗用車を創りたい、日本の国情にあった小型車を」

昭和五年、ダット自動車では「後藤敬義《のりよし》」技師の手で、五〇〇ccの小型車の設計・試作が進み、大阪—東京間のノンストップ運転試験も成功した。

この試作車はダット自動車の技術によって完成したこと、ユニバーサル・ジョイント、リア・アクスルなどの機械部品はダット四一型のものを使ったことから、ダットの息子ということで「ダットソン（ＤＡＴＳＯＮ）」と名付けられた。

後にダットソンのソンは「損」に通じ、面白くないということでダットサン（ＤＡＴＳＵＮ）に変わるが、明治の男達の友情と信頼の絆を示すＤＡＴの名は日本の自動車史と共に歩き続けていく。

昭和六年、ダット自動車は鮎川義介《あいかわよしすけ》の「戸畑鋳物」の傘下《さんか》に入り、ダットサンの生産が始まり、量産への道が模索《もさく》されていた。

質の追求から、米国式の量産技術の時代になっていた。

若い技術者も育っていた。後を託すに不安も心配も無かった。

次の世代に松明《たいまつ》を手渡す時が来ていたのだ。

橋本は昭和六年六月三十日辞任、静かな決断だった。

橋本は東京・淀橋区戸塚町に「武蔵野モーター研究所」を設立、夜遅くまで製図版に向っていた。エンジニアとしての気概、凛とした精神の緊張と輝きを失ってはいなかった。

生活の糧は三十人乗りの自動車十台、「団体タクシー」と名付け、観光や一般の求めに応じていた。

しかし太平洋戦争が始まり、自動車は赤十字の病院車に徴発され、休止のやむなきに至った。

簡素で清貧の生活を生涯貫き通した。

庭に植えた三本のケヤキが育っていくのを見るのが楽しみだった。

ケヤキは、橋本の子供たちにも、育ちゆく日本の自動車工業にも重なって見えた。

自分の一生は種蒔きに終わった。種を蒔き、それを育てたが、稔りを見ることは出来なかった。

「いつかこの地は花に満ち、人々は誇りもち歩く」

オーバン市の人々が愛唱していた開拓期の歌、橋本はその一節《フレーズ》が好きだった。

それは「荒野への使い」として辺境に生きた橋本の高潔な大志であり、生涯の夢でもあった。

昭和十九年一月十八日、肺炎のため逝去、享年七〇歳。

工業の黎明期、ただ一人、橋本増治郎だけが、
荒野へと真っすぐに伸びる一本の道を拓き、種子をまき、若木を育ててきた。

その流れが昭和のダットサンに、そしてニッサンへと今に続く大河の源流である。事業を継続できたのは、明治の男たちの支援があったからでもある。

ダット（ＤＡＴ）のＤ：田健治郎、Ａ：青山禄郎、Ｔ：竹内明太郎の横顔を紹介しよう。

二　田健治郎

二・一　狭く険しかった中央官吏への道

大正十（一九二一）年十一月四日、平民宰相《さいしょう》といわれた原敬首相が、東京駅頭で暗殺。翌五日の東京日日新聞は、凶変の記事と共に後継首相の観測記事をのせた。

「…後継内閣問題になると、今日まで一般のかぞうる所は後藤新平男爵、田健治郎男爵、斉藤實男爵、牧野伸顕子爵」と。

国民大衆、人気第一の後藤新平、田健治郎《でんけんじろう》は逓信大臣を経て台湾総督、斉藤實《まこと》は海軍大臣、五つの内閣で海相を務めた帝国海軍の柱石、牧野伸顕《のぶあき》は外務大臣、維新の三傑《さんけつ》、大久保利通《としみち》の次男だった。

時は大正デモクラシー、議会多数党の党首が首相になるという政党政治のルールが、日本でも最初の一歩を踏みだした頃、後継首相は政友会の高橋是清副総裁に決まった。

「田健治郎」は新聞記者や政界の識者達が一度は政権を、と期待した男だった。

薩・長の勢力が圧倒的だった時代、藩閥の後盾も、これといった学歴もなく、一介の地方官吏から総理大臣の候補までになった田健治郎（ＤＡＴのＤ）とは、どんな男だったのであろうか。


健治郎は安政二（一八五五）年、丹波《たんば》の国、柏原《かしわばら》藩の庄屋の次男坊に生れた。

大政奉還、鳥羽・伏見の戦い、江戸城明け渡し、明治維新へと世は激変する。

丹波の山の中、変化のない生活には耐え切れなかった。

二十才、柏原の先輩を頼り「高崎」へ。兄の学友、田辺輝美は熊谷県の七等出仕《しゅっし》だった。

維新に功の少なかった小藩出身者には、「大政官《だじょうかん》」、中央官吏への道も狭く険しかったのだ。

健治郎は月給五円の等外《とうがい》出仕、昼は役所の庶務係、夜は外人宣教師に英語を学んだ。

明治期、日本は生糸とお茶を輸出し、軍艦と大砲を外国から買った。

生糸集散地の高崎は、横浜、シアトル、ニューヨークを結ぶ産業のメインルート、玄関口だった。

生糸が送られ、海の向こうからお金と人と情報、そして宣教師もやって来た。

向上心旺盛な若者には実業と実学の、この上ない勉学の場となった。


県令が交代、田辺輝美は愛知県の七等出仕に、田も共に移った。

明治九年、名古屋裁判所、三重・安濃津支庁の糺問《きゅうもん》係（予審判事）、司法省十五等出仕だった。


そこで起こったのが「三重騒動」である。

史上最大の百姓一揆だった。地租改正に三重の農民の不満が爆発した。

暴徒五万人余、竹槍・蓆《むしろ》旗を立て蜂起、監獄が破られ囚徒《しゅうと》五十人が先頭に立った。

騒乱は三重から愛知、岐阜、和歌山、大阪にも波及した。

三重の県令は出張不在、留守を預かる書記官達は右往左往するばかり。

田は臨時の県令代理となり陣頭に立ち指揮をとった。

元藤堂藩の士族を招集し非常防衛隊を編成、金庫を開け、駆け付けた士族たちに大政官札を配り、武器庫を開き、銃・刀剣を手渡した。

激しい攻防戦の末、暴徒を撃退、県庁を暴徒から守りぬいた。この攻防が騒動の山場だった。

大阪・名古屋の鎮台兵、東京・警視庁の巡査隊も鎮圧に出動、騒乱は治まった。

斬罪三人、懲役二十一人、笞刑《むちけい》千八百人、付和雷同した十三万余の農民、その処罰が問題になった。

田は十五等出仕の糺問係、取り調べのみで、判決には加われない。

判事達の意見は「囚徒召集罪を適用、体刑四十日の入牢にかえて情状を酌量し罰金四円」だった。

田は一人蜂起の村々を訪ね、生活苦にあえぐ農民の実情を調べ、その足で名古屋裁判所の所長の門をたたき、悲惨な農民生活の実態を訴えた。

「罰金四円を払うにも農民の手元には現金がなく、四十日の入牢では、田畑は荒廃、第二の暴動必至である。」と。

所長は瞑目沈思《めいもくちんし》、熱心に田の説明を聞いていた。そして、

「刑法の正条は条理を以て之を如何ともすることができない。」

田は意見を述べる。

「脱出囚徒で暴徒の指揮をとった者は正条によるべきも、多くの衆徒は暴行・脅迫をうけ、一身の安全を図るため、やむを得ず、付和《ふわ》従行したものであり、之を罰すべき正条が刑法にはない、呵責《かしやく》の上、放免すべきものである。」

「囚徒召集罪の如何は、裁判官の裁定した事実により決すべき。」

情状酌量・刑の軽減を求めるのではなく、裁判官の裁定すべき事実関係を力説した。

現代の法律用語では
「罪刑《ざいけい》法定主義」、何人の行為といえども、刑法の条文に規定がなければ罪にはならない。

「構成要件該当性」、刑法の規定する犯罪の構成要件に該当する行為がなければ犯罪には

ならない。

という論旨である。

所長は直ちに上京、大審院の審議の結果、判決は「呵責の上、放免」に決した。

名古屋裁判所所長は「血あり涙ある名裁判官」として、その令名が全国民に喧伝《けんでん》された。

田は判事補に昇進、月給二十五円になった。

一揆により政府は地租を従来の三分から二分五厘に減じた。

これは維新政府が民衆に屈した唯一の事例となった。

農民たちは「竹槍でちょいと突き出す二分五厘」とうたい、自分たちの勝ち取った獲物を喜んだ。

明治九年の三重騒動、そして翌十年の西南の役、明治維新から続いた百姓一揆、不平士族の反乱はここに終結した。

「もう暴力や武力では新政府を倒すことはできない。」という認識が国民に広まり、明治政府の政権基盤が確固たるものとなったのである。

名古屋裁判所、所長の名は「児島惟謙《これかた》」。

明治二十四（一八九一）年の「大津事件」の大審院院長である。

琵琶湖観光中のロシア皇太子を、警護の巡査、津田三蔵が帯剣で斬りつけた。

その衝撃に政府首脳は蒼白《そうはく》、食事中だった伊藤博文は知らせを聞き驚愕のあまり箸を取り落した。

シベリア鉄道を建設し、東方侵略に動き出したロシア皇室の怒りを恐れたのだ。

「国家ありての法律なり、宜《よろ》しく法律を活用して、帝国の危急を救うべし」、

「戒厳令《かいげんれい》を発して司法部を押さえ、津田を死刑にすべし」。

政府は、「御前《ごぜん》会議」で犯人の死刑を決し司法に介入、強烈な圧力と干渉を加えた。

児島は、日本の刑法には外国皇室に関する正条はなく、第一一六条「皇室に対する罪」は適用不可とし、第二九二条の一般謀殺《ぼうさつ》未遂を適用、犯人を最高刑の無期徒刑《むきとけい》とした。

司法権の独立と権威が守られ、児島惟謙の名は日本裁判史上不滅のものとなった。

「護法の神」児島惟謙は、剛毅《ごうき》・剛直の人と言われた。

しかし、彼も人の子、官吏の一員にすぎない。

しかも、「御前会議」の決定である。

シベリア鉄道を建設、不凍港を求め東方征略《せいりゃく》に動き出したロシア。

日本など鎧袖一触《がいしゅういっしょく》、世界最大のロシア海軍、その軍艦七隻が皇太子と共に来朝している。

もし砲門を開けば帝都・東京はたちまち火の海となる。

朝野には対露恐怖症が広がっていた。

揺れる決心、迷う決断、苦渋《くじゅう》の日々だったに違いない。

児島の決断、最後の拠《よ》り所となったのは、あの雨の夜の光景。

「刑は正条によるべき、該当の如何は裁判官の裁定した事実により決すべきもの」

と訴える蓑笠《みのかさ》・草鞋《わらじ》ばき、雨の中庭先に立つ一人の青年、名古屋裁判所・安濃津支庁の糺問係。

その条理と真剣な眼差しだったのかもしれない。

大津事件の争点となったのは三重騒動と同じ「罪刑法定主義」と「構成要件該当性」な

のである。

しかし事件の顛末《てんまつ》を記した児島惟謙の『大津事件日誌』には紀問係の青年の記述は何もない。

二・二　高知・神奈川・埼玉の若き県警部長

明治十三（一八八〇）年、田辺輝美は高知県小書記官に転出、田健治郎、二十五才、高知県五等警部として同行した。

明治十四年、田辺輝美は県令（知事）に、田は県のナンバーツー、県警部長に昇進した。

明治は「警察の時代」だった。

国民にとって、お上《かみ》、政府とは警察のこと。

新しい世となっても生活は苦しくなるばかり、失業した士族の不平、地租改正に対する国民の不満は全国に渦を巻き、政府は警察の力でこれを弾圧した。

中でも高知は板垣退助の立志社が創設され、自由民権・反政府運動の巣窟《そうくつ》・震源地だった。

田は来るものは拒まず、弁論を戦わし談笑した。

次第に、立志社の幹部とも肝胆相照《かんたんあいてらす》の関係になっていた。

「立志社の連中と私交上の関係あり」

内務省に密告する者がいた。

田は警視庁に呼び戻され、品川警察署詰に左遷の身となった。


「すてる神あれば、拾《ひろ》う神あり。」

新任の神奈川県令、沖守固《もりかた》は、横浜の治安に任ずべき男を物色中、田の人物を耳にした。

精悍無比だけの男ではない、思慮が緻密、洋学を宣教師に学んだこともあるらしいと。

田健治郎二十九才、明治十六（一八八三）年から五年半、神奈川県の県警部長となる。


明治は「外交の時代」でもあった。

不平等条約の改正が国家緊急の課題、横浜はその最前線だった。

今も十月一日、神奈川県警の関係者が横浜、山手の外人墓地に白い花を手向《たむ》ける。

墓の主はドイツ人、ブレメルマン、彼は神奈川県警の警部、ただ一人のお雇い外国人だった。

明治十七年十月一日、現在の中華街の一角で、フランス船の水兵とフィリピン人乗客の喧嘩があり、仲裁に入ったブレルマンは銃で撃たれ殉職《じゅんしょく》。

これまでは、外国人絡みの傷害事件が起きても、治外法権の横浜・外人居留地《きょりゅうち》内の出来事に、日本の警察は何の手出しもできなかった。

新聞は「帝国の威信」を書き立てる。

田はフランス領事に状況を説明、領事から令状をもらい、仏国汽船に乗り込みフィリピン人嫌疑者《けんぎしゃ》を逮捕、身柄《みがら》を領事に引渡した。

田は英字新聞に意見を寄稿した。

警察には「行政警察」と「司法警察」があり、その混同の結果が犯罪多発を招いている、と。

これが各国領事を動かし、仏領事の主催で領事会議が開かれた。

日本警察は居留地内といえども、

・現行犯による外国人を逮捕し得る。

・日本人の住居に捜査権を行い得る。
・着手した事件については、検察官として外国人を領事裁判に起訴し得る。
外務卿、井上馨が「鹿鳴館《ろくめいかん》」を作り、不平等条約改正に滑稽な努力を繰り返していた時、現地横浜では治外法権《ちがいほうけん》という閉ざされていた扉が少しずつ開いていたのである。
山手墓地五区九十七、ブレメルマンの墓。碑の撰文《せんぶん》は神奈川県警部長、田健治郎である。

神奈川県警から埼玉への移動は、また左遷だった。
開港地には遊郭《ゆうかく》がつきもの、「港崎町」に許可されたが、
港の発展と共に現在の横浜駅東口の近く、「高島町」の埋立地に移転、
しかし、そこも鉄道が開設、遊郭は目障りとなり、「真金町」への再移転が決まった。
他の娼楼《しょうろう》は移ったものの、独り「神風楼《じんぷうろう》」のみは延期を願い出ていた、
楼主はかつて任侠の徒、勤王の志士を庇護し今も彼等と通じていた、
内務次官の芳川顕正《あきまさ》もその一人、田の直属の上司筋にあたる。
しかし、神風楼の延期を認めれば官憲の威信は地に落ちる、

沖県令と田県警部長は、延期願いを不許可とした。
之は世間から熱狂的賞賛を受けた。
しかし、沖は滋賀県の県令に、田は埼玉県警部長に左遷となった。

沖が滋賀県に着任、二日後に、すぐあの大津事件が発生、
犯人は警護の巡査、県令は警護の責任者である、沖は県令を罷免された。
しかし、田には拾う神がまた現れた。
高知県警時代の人脈から、逓信《ていしん》大臣・後藤象二郎の注目するところとなり、明治二十三
（一八九〇）年、田健治郎は三十六才、逓信省官吏に転身する。

二・三　田健治郎の日露戦争

逓信省の十六年間、田は電信局長、鉄道局長を歴任し、トップの逓信次官となる。次官には、三度も任命された、これは日本の官僚社会には類例がない。三代の逓信大臣（末松謙澄・星亨・大浦兼武）の意志によるが、余人を以て変え難し、これは時が、日本国家が要請したものだろう。

日露戦争である。近代戦争では「兵站《ロジスティック》」が重要になる。普墺《ふおう》戦争（一八六六年）、普仏《ふふつ》戦争（一八七〇年）。大方の予想を覆《くつがえ》し、国富と兵力に勝るオーストリア、フランス軍を短期間に制圧したのはモルトケ指揮下のプロシア軍、その勝因は兵站《へいたん》、「鉄道」と「電信」にあった。日本は師をナポレオンⅢ世のフランスから、戦勝国ドイツに変え、陸軍はモルトケの愛弟子メッケル少佐を指導教官に招き、日露戦争の基本戦略《グランドストラテジィ》を立案した。

逓信省は郵便と通信、鉄道と船舶、兵站の全てを所轄していた。当時のハイテク官庁だった。

ロシアは世界一の陸軍国、兵力は七十師団、対する日本は十二師団、陸軍は海軍と異なり自らは機動力を有しない。一師団は平時一万人、戦時二万人の編制である。

兵員・弾薬・食料を、横須賀・呉・佐世保の軍港まで鉄道で運び、そこから輸送船で戦地に運ぶ。

ロシア軍はシベリア鉄道の完成により、日々増強されつつあった。

広大なロシアの領土、シベリア鉄道は単線、ロシア軍が増援を得る前に、一日でも早く敵を圧倒する兵力を満州に送る。日露戦争は輸送力の戦でもあった。

海軍の支援にも日本の輸送船団は活躍した。
・旅順港口、ロシア艦隊を監視する連合艦隊への弾薬・炭水の補給。
・二〇三高地攻略の決め手となった観音崎要塞、二十八cm榴弾砲《りゅうだんほう》の運搬。
そして田は、明治三十七年九月十二日、「帝国義勇艦隊創設委員」を委嘱された。

日清戦争後の十年、日本の海運は大躍進。沿岸航路からヨーロッパ・北米・インド等への外国定期航路が開かれていた。そのために建造された速力優秀、船体堅牢な貨客船。船会社にとって、これらの新鋭船は虎の子、この御用船調達には抵抗が大きかった。

「ドックがあるではないか、すべてが沈んでも、戦《いくさ》に勝てばまた造ることが出来るのだ。」

「ロシアに敗れ、祖国を失うようなことになれば、船が揃っても、もう外国航路は開けないのだ」

田は諭《さと》した。「帝国義勇艦隊」、この六文字に重役達の覚悟は決まった。

亜米利加《あめりか》丸、満州丸、台南丸、八幡丸、佐渡丸………。

商船・信濃丸は「仮装巡洋艦」信濃丸に、船には海軍の将兵達が乗り込み、砲座も据えられた。

バルチック艦隊の哨戒《しょうかい》任務である。

済州島の南端と佐世保軍港を結ぶ一本の線を基準に海図にタテ・ヨコの線を引き、その桝目の一つずつに「無線機」を積んだ哨戒船を配置する。ことは単純だがこれはコロンブスの卵、戦史に類例のない独創の産物。東シナ海は黒潮の流れ速く、敵はいつどこから来るのかわからない。

困難、重要、独創、周到、完璧………。日本海海戦における連合艦隊の戦果と比し甲乙付け難い。

日露開戦となって第一手、田は長崎に「戒厳令《かいげんれい》」を発動した。

長崎には「大北通信社」があり、長崎と上海、ウラジオストク間に海底電信線が通じていた故《ゆえ》だった。

大北通信社は「グレート・ノーザン・テレグラム・カンパニー」の英文和訳。

東京、新宿のＫＤＤＩ本社ビル、入口広場にアンデルセンの美しい切り絵が五枚の石版に浮彫され記念碑として飾られている。日本の国際通信の始祖は「デンマーク」だったことを物語る。

ロシア皇后はデンマークの皇女、ロシア皇室は大北通信社の大株主でもあった。

長崎への戒厳令の発動は、極東ロシアの目と耳を塞《ふさ》いだのである。

日露戦争の諜報活動では、ヨーロッパを舞台にした明石元二郎大佐の活躍がよく知られている。

ロシア地下運動家達に資金・武器を提供し、革命気運を醸成、後方撹乱《かくらん》と兵士の士気低下を図り、戦争の継続を困難たらしめた。

これに対し、ロシア側の諜報活動は戦史に登場しない。

皇帝ニコライは、日本を「マカーキー（猿）」と見くびっていた故といわれる。しかし、ゾルゲ事件やＫＧＢの活動例を見ていくと、スラブ民族は諜報を得意とし、謀略は民族の血ともいえる。

ロシア側のスパイが日本で活動できなかったのは、もしかして派遣されたスパイが、日本では完全に封じ込まれ、工作員から協力者まで人知れず処置されたのかもしれない。警察の事情に詳しく、情報戦略に長《た》けた男が一人いたからである。

「次官会議」は日露開戦を決めた御前会議の翌日、明治三十七年二月三日、首相官邸で開かれ、それが今日まで常例として続いている。

小国が世界の強大国を相手にする戦争。敗北は即、祖国日本の滅亡につながる。内閣の決定と迅速な実行、連絡の齟齬《そご》、連携不足による失敗《ミス》は許されない。

しかし、古来日本の統治機構はタテ割り、省庁の連携は悪く、利害が対立していた。

戦争の主役、陸軍と海軍。「長の陸軍、薩の海軍」と人脈が分かれ、
陸軍はドイツを範とし、海軍はイギリスに習い、思考と行動を異にした。

戦時内閣のバックアップ体制、三遊間のゴロを拾う統治機構が日本に生まれたのである。

これを発議した者が誰かは不明、しかし次官三度目の男が中心にいたことは十分に考えられる。

明治三十九年、勲功により、田は華族に列せられ男爵、貴族院議員となった。

二・四　田家三代の男達

大正八（一九一九）年、台湾総督となる。
台湾総督は、桂太郎、乃木希典、児玉源太郎など爵位を持つ陸軍大将が慣例であったが、原敬首相により文官として初めて任命された。

統治の基本については「社会には各々その歴史があって、その由来と現在とに即して漸を以て穏健、適切に進むべきもので、在来の歴史を無視し現在より飛躍するような改革は行なうべきものではない」、漸進《ぜんしん》同化政策である、田の統治のポイントは三つ。
・台湾人の高等文官任用に道を開いた。
・教育令を改正、学校の整備と増設を図り、若く優秀な教師を内地から招聘《しょうへい》した。
・内地の府県市町村のように、州・市・街・庄等の地方団体を創設し、協議会を設け、ある程度までは民意による地方自治を実施した。
田の統治は、台湾の治安が安定、以降昭和十一年まで、九代の文官総督が続いた。

田は台湾総督に続き、大正十二年九月一日関東大震災の日「農商務大臣」を拝命した。任期は三ヶ月と短かったが、足跡は今に残る、「築地市場」である。

魚市場が築地に移転したのは関東大震災による、それまでは日本橋の河岸《かし》にあった。湾で獲れた江戸前の魚貝類、相模の初鰹も早船で運ばれてきた。

高速道路も冷凍トラックもない時代、運河と川船が江戸の物流を担っていたのだ。その賑わいは魚河岸千両、芝居千両、吉原千両と言われていたが、江戸初期の人口は三十万、元禄期には百万人、大都会の胃袋を賄《まかな》うには手狭だった。しかし、拡張の余地はない。帯に短し襷《たすき》に長し、広く便利な移転先はなく、いくつかの候補地は一長一短、話はいつも途中で潰れた。

この築地に、明治二年、政府は近代海軍創設のため、海軍操練所を開く。明治九年「海軍兵学校」となり、イギリス海軍のダグラス少佐、三十四名の教官が英国流の士官教育を実施した。

明治二十一年、兵学校は広島県江田島に移転、跡地は海軍大学校、海軍病院（現在は国立がんセンター）、海軍技術研究所に使われていたとはいえ、ここは日清・日露の戦役で活躍した将官達の青春の学舎、日本海軍の聖地だった。

移転は三ヶ月で完了した。

二人の男の決断と実行による。総理大臣の山本権兵衛と農商務大臣の田健治郎である。山本は日本海軍の建設者、海軍技術研究所を横須賀に、震災で校舎が全焼した海軍大学校は品川区上大崎長者丸に移転、跡地に「中央卸売市場《おろしうりしじょう》」を開いた。

田は緊急事態の采配《さいはい》をふるい、老人達には米騒動を例に引き「移転の遅延は帝国に新たなる騒動を生じかねない」と説得、田は米騒動で総辞職した寺内内閣の逓信大臣だった。

十月二十四日には、「卸売市場移転損害賠償勅令」が閣議で決まり、日に夜を継いでの突貫工事、十二月一日、東京魚市場の開場式でのスピーチが田農商務大臣最後の仕事となった。

新魚市場の床は、コンクリート敷きで水洗いができ、常に清潔。服装も着物・半纏《はんてん》が、旦那衆は背広、男衆はシャツ・ズボンのゴム長姿に、首都の台所に相応しく近代化された。

帝国海軍は太平洋戦争に敗れ海の藻屑《もくず》と消えたが、田の説得、山本権兵衛の決断で実現した築地市場は、東京と関東一円の人達に、今も世界の海の幸を提供し続けている。

田の次男、田誠《まこと》は、「青い目の人形使節」、「日米学生会議」の関係資料に、よく見る名前である。

田誠は、鉄道省観客局長、世界に美しい日本をPR、ホテルを整備し、外人旅行客を迎えるのが仕事、日米親善のための舞台作りに、支援を惜しまなかったのである。

日露戦争後、日米関係は次第に悪化、「太平洋波高し」の時代を迎える。

米国の排日移民法の成立は日本国民に衝撃を与え、日本の満州支配に米国民の反発が高まった。

日米関係の改善に双方の民間レベルでも立ち上がった。

昭和十（一九三五）年に、「青い目の人形使節」が到着、答礼のため作られた日本人形、「富士男」と「桜子」がダットサンに乗って横浜まで出迎えた。

「日米学生会議」も、同じ年から五年間続いた。日米の大学生、五〇名が交互に相手国を訪問、会議、合宿、旅行を共にし相手国を知り、日米の相互理解を深めようとする活動だった。

若人達の願いもむなしく、時流は逆巻《さかま》く大波となり、真珠湾に押し寄せた。

青い目の人形使節の二万体は、「敵性人形」として戦争中に強制的に廃棄された。

しかし、学生達の交流活動の中から、戦後に、日米の架け橋となる二組のロマンスが生まれている。

元首相、宮沢喜一・倩子ご夫妻、東京大学と東京女子大学のお二人と、片山豊・正子ご夫妻、慶応義塾と津田英学塾のカップルである。

孫の「田英夫」は、共同通信の記者から、ＴＢＳのニュースキャスターになる。

昭和四十六年の参議院選挙の全国区、一九二万票のトップ当選、六年後も一五八万票の連続首位。

知性的な語り口と端正な容姿で女性には圧倒的人気があり、大統領制ならば「当確」といわれた。

ベトナムからの現地報道、アジアを重視した外交政策など、独自の視点を持つ論客だった。

田英夫は『婦人画報』(一九九四，六)に「祖父は豪胆で新しもの好きな人だったらしいんです」、「前へ前へと進み続ける男だった」、「井戸塀《いどべい》政治家という言葉がありますが、祖父はまさにその一人。井戸塀どころか、残っていたのは莫大な借金だったのです。」と書いている。

田家三代の男達の色彩は、闇夜にキラリと光る「銀色の輝き」にも似ている。

時流に流されず、自からの座標軸を確立し、世の先と事の本質を見る目の持ち主だった。

田健治郎は、昭和五年、十一月十六日、七十六年の生涯を閉じた。

三　青山禄郎

三・一　青山の日露戦争

「日本信号（株）」という会社がある。

現在の情報化社会、この会社の機能抜きには、日本の産業も経済も、企業の活動も人々の暮らしも、一日として成り立たない。

新幹線の安全運行から高速道路、都市交通の信号と管制システムの一切を担っている。

創業は昭和四年二月一六日、社長の名は青山禄郎《あおやまろくろう》。

鉄道の電化が進み、信号も機械信号から「電気信号」の時代に移る。

安全運行に信号の役割も高まってくるに違いない。

「機械・電気・分岐器」、信号の三つの専門領域を一つの単位《ユニット》に統合《インテグレート》し、新しい回路《サーキット》に再編成する。

青山は、経営が行き詰まっていた飯島製作所、三村工場、塩田工場を日本信号（株）に再編した。

東京の大森、月島、千住に点在《てんざい》し、三社合わせても従業員八十四名の零細企業だった。

翌、昭和五年十月一日特急「つばめ」が登場、日本も高速鉄道の時代を迎えた。

東京―神戸間の所要時間が八時間五十五分、二時間の短縮。

主役《スター》は大型機関車（C51）、自動ブレーキと「自動信号機」は傍役《わきやく》。

細い三本の縄《なわ》も糾《あざな》えば一本の綱《つな》、時代の最先端を担う名脇役《めいわきやく》が生まれたのである。

橋本増治郎は『青山禄郎傳』に竹馬の友を悼《いた》み、こう書いている。

「同窓のよしみを以《も》って、青山君に助力を乞《こ》うた事は度々重なったが、一度として嫌な顔を見せず、私の自動車製造事業のために尽くしてくれた。遂に私は青山君に助力を求めたばかりで、何らそれに酬《むく》いることが出来なかったが、それも今、青山君のいない後、いよいよ返すことが出来なくなった。」

青山は明治・大正・昭和の三代、電信、無線、信号、電気事業ただ一筋に生きた男だった。

電気事業の黎明期、事業に行き詰まり、青山に助力を求めた人たちは多かったに違いない。

恐らく、青山は、橋本に対したように助力を求めた人達に援助を惜しまなかった。拒否・拒絶したことは、青山の生涯に、おそらく一度も無かったに違いない。相手の求めを拒否したことがない、これは青山の生きる姿勢でもあった。

青山の旧姓は「鈴山」、それが「青山」に変わった事情はこうである。

生まれは岡崎、橋本と同じ額田《ぬかだ》郡立高等小学校を卒業する。

江戸時代、普化《ふけ》宗という宗派があった。尺八を吹くことが吹禅《すいぜん》、深編笠の虚無僧《こむそう》、意気な姿が人気を呼び、歌舞伎や浮世絵の題材にもなった。明治三年、太政官達により廃宗・廃寺になり、青山の実父は本山、浜松・普大寺の貫主《かんす》だったが帰俗し結婚、六十一才なるも姉と弟の三人の子供をなした。

静岡中学に進学の際、父が方丈《ほうじょう》時代の門弟、青山氏に下宿の世話を依頼する。青山家から是非、当家から通学して欲しいとの申し出があり、世話を受けることとなった。

青山夫妻からは実の子同様に可愛がられ、生活費から学費までも援助を受けていた。父が亡くなった故だったが、好意にいつまでも甘えるわけにはいかない。

青山は静岡中学を退学し、学費のかからない逓信省の「東京郵便電信学校」に転校した。競争率は厳しく、合格者は二〇人に一人、東京で勉学ができ、卒業すれば中央官吏への道が開ける、

経済的に上級学校に進学できない若者には、唯一つの開かれた窓、憧れの学校だった。

お世話になった青山夫人の病が重いとの知らせがあり、急ぎお見舞いに行った。夏痩《なつや》せ、寒細《かんぼそ》り、なぜかとても顔色が悪く、思いの外衰弱の様子だった。

青山は夫人に病状を訊ね、励まし、学校での事などを話していると、

「是非の話がある、承知して欲しい」と突然、懇願された。

「何でも聞いてあげます」と答えると、夫人は喜んで、

「青山家を継いで欲しい、養子に入って欲しい」

長男であり、困ったが、病人を失望させることができない。

青山は思い切って、「承知しました。ご安心なさい。」と言ってしまった。

もう飲食もとれず、死期の迫っていた夫人はこれを聞くと、青山の手を取り涙を流した。

暖かくなり病気が良くなれば、何とかまた話しを、と青山は思った。

しかしその機会は訪れず、夫人は亡くなった。

母も心よく受け入れてくれた。

「鈴山にはまだ男が一人います。あなたは青山にいっておあげなさい。」と。

青山は弟に鈴山家の家督《かとく》を譲り、青山家の養子になった。

青山は東京郵便電信学校を首席で卒業する。

ただ一人本省の配属になり、電信局の技師となった。

明治三十七年、青山禄郎は三十才、勤続十三年、結婚もし一子が誕生。

あと一年で恩給もつく、前途には官吏としての安定した生活が待っていた。

「逓信省を退官し、英国のヒーリング商会に行って欲しい。」

話しを切り出したのは、逓信次官の「田健治郎」。

次官は雲の上の存在、しかし、田が郵便電信学校長の時から顔見知りだった。

その人から次官室に呼ばれ、こう切り出された。

青山は次の言葉を待った。

「ロシアとの開戦は避けられそうにない。いざ開戦と決まり、戦争が始まる前に、戦場の遼東《りょうとう》半島と佐世保軍港との間に海底電信線の敷設を行なわなければならない。これは派遣軍と内地を結ぶ生命の綱なのだ。ケーブルは英国から届き、逓信省の敷設船、沖縄丸に積み込んである。

しかし、ここに一つ問題がある。もし、敷設の作業中、ロシア艦隊に発見されてしまえば、これは明白な戦闘開始の行為。ロシア側から、之を理由に宣戦布告《せんせんふこく》されても、日本としては申し開きが出来ない。このような事態は避けねばならないのだ。

参謀本部と相談の結果、〝同盟国イギリスに楯《たて》となってもらう以外に道は無い〟に決まった。

話はつけてある。ヒーリング商会が沖縄丸を借り受け《チャーター》、英国国旗《ユニオンジャック》を船尾に掲げ、敷設に当たってもらうのだ。たとえ日本人でも英国のヒーリング商会に籍のある人間が作業の指揮をとる、日本の官吏じゃ言い逃れは出来ない。君は電信については逓信省の第一人者だ。英語も使えるそうではないか、そのような事情と次第で来てもらった。話の一切は胸中に留め、外に漏らしてはならない。」と。

青山は次官、田健治郎の依頼を拒否しなかった。

「これは天命、ことの成否は五分と五分だ」と思った。

船がロシア艦隊に拿捕《だほ》され、ロシア官憲に逮捕されれば、入牢、拷問、銃殺の運命が待っている。

海峡、湾口に敷設されている敵の機雷に触れれば沈没、船と運命を共にするかもしれない。

妻も薄々何かを感じ、夫の転職を解ってくれた。蜂須賀藩士の娘、兄も陸軍の軍人だった。

明治三十七年一月七日の深夜、ヒーリング商会支配人、青山禄郎の乗る沖縄丸は一人の見送人もなく佐世保軍港を出港、遼東半島に向かった。
青山は翌三十八年、「明治三十七・八年戦役」の功により勲八等端宝章並びに、金百円を賜った。

「日英同盟」の時代、イギリスは工業の分野でも超一流の先進国だった。
ヒーリング商会支配人の青山は、日英の重要な〝連結ピン〟の役割を果していた。
通信網の整備と近代化、機器の輸入にとどまらず、国産化の支援も青山の役割だった。

「電線」はその一例。
明治のはじめ、日本の輸出の主役は生糸とお茶だった。
世界的に電信・電話の普及が進み、「銅」の需要が高まった。
当時の日本は世界一の産銅国、銅は明治三十年代から輸出の花形となった。
しかし日本は銅の地金の輸出に留まり、工業製品としての電線（ケーブル）は輸入に依存していた。

ケーブルの製作は簡単そうに見えて難しい。

挑戦をした先覚者達は、どこの会社も失敗の山、悪戦苦闘の連続だった。

初めてこれに成功した会社が「藤倉電線」。

女性の髪飾り〝根掛け〟、その芯がアーク灯のコードに似ていることから、電線の製作に転業した。

伝統職人の技を生かし、最先端技術に挑戦したのである。

電線には苦難の連続だった。

英国製の絶縁試験装置を輸入したが、思う様には動いてくれないのである。

ヒーリング商会に話が持ち込まれ、青山は千駄ヶ谷の工場に赴いた。

藤倉の技師たちと一緒に電気抵抗の測定を行い、データの解析を指導した。

青山は逓信省の技師たちにも支援を要請、逓信省も電線国産化への援助を惜しまなかった。

明治三十八年には引込線、四十三年にはケーブル全体が合格、藤倉は初の逓信省指定工場となった。

悲願の電線国産化、日本の技術が欧米にやっと肩を並べたのである。

「一人が荒野に一筋の道を拓くと、その後に続くことはそう困難なものにはならない。」

「遅れてはならじ……。」古河、住友も電線工業に進出した。

産銅・精錬から電線へ、地金から製品の高付加価値化であり、儲《もう》けは倍加する。

古河・住友はこれにより資本の蓄積を進め、三井・三菱に次ぐ巨大財閥が形成されて行くのである。

「安中電機」の経営を依頼された。
信濃丸から旗艦・三笠へ、
「敵艦隊二〇三地点ニ見ユ、午前四時四十五分」
三笠から大本営へ、
「敵艦見ユトノ警報ニ接シ聯合《れんごう》艦隊ハ直《ただ》チニ出動之《これ》ヲ撃滅《げきめつ》セントス、
本日天気晴朗ナレドモ浪高シ」

日本海海戦の劈頭《へきとう》は安中電機製「海軍三六式無線機」による電信に始まった。

日本海海戦の大勝利、勝利の要因は東郷元帥のT字戦法、兵の練度と砲撃の命中率、下瀬火薬の威力、などが云われるが、最大の勝因は無線機に違いない。

これなくしては、日本が初期の海戦に勝利しても、過半の敵艦隊は逃走、取り逃したであろう。

広大な海原での大艦隊同士の戦闘、視界から消え、夜間ともなれば、信号旗による連絡は取れない。

取り逃がした敵の捕捉・殲滅、これには全艦隊の連携による波状攻撃と包囲作戦が必要となる。

これを可能としたのは海軍三六式無線機なのである。

「革新的な電子兵器の出現は戦法と戦況を一変させる。」

日米による太平洋戦争、レーダーの登場などその一例である。

三六式は明治三十六（一九〇三）年、日露戦争前年、帝国海軍の正規採用、日本の秘密兵器。

世界の海戦で無線機が使われた最初の事例となった。

創業者、安中常次郎は日露戦争の勝利から二年、病魔に倒れた、四十三才の若さだった。

ロシアとの戦争が迫る、安中社長は帝国海軍の秘密兵器・無線機の完成のために心血《しんけつ》を注《そそ》ぎ、脳漿《のうしょう》の最後の一滴まで搾り切り、使い果たしてしまったのだ。

「無線は生まれたばかりの赤子《あかご》、之《これ》を航海の安全、海の事故防止のために育て上げてほしい。」

病床の安中に懇願され、相談役の青山が経営を引き受ける。

青山は安中常次郎の遺志、無線機普及のために奮闘した。

タイタニック号の遭難（一九一二年四月十四日）により無線通信の重要性が改めて認識された。

一五〇二名の船客中、婦女子と子供七一二名が救助されたのは、最後まで遭難救助信号（ＳＯＳ）の発信を続けたことによる。船と運命を共にした無線通信士の行動に世界中が感動した。

日本は「海洋国家」、海の遭難の多発国でもあった。

漁業も沿岸から近海漁業、そして遠洋漁業へ、事故も大型化した。

「昼顔が　みな海をむく　遭難碑」（吉村昭・炎天）

日本のどこかの浜辺にいつも、女達が泣いて海から帰らぬ男を待ち続けていた。

政府だけに認められていた電波の利用が、民間にも開放され始めた。

しかし、電波を扱える無線技術者の絶対数が不足していた。

無線機を作る、そこで終わっては海の遭難を無くす事にはならない、一歩前に進むのだ。

大正五（一九一六）年、青山は連日のように逓信省に赴き、意見を交換した。

寺内内閣の田健治郎逓信大臣から、青山に格別の沙汰《さた》があった。

「欧米では、国家的事業として取り上げている。

その例に倣《なら》い、名称に『帝国』の二字を付けなさい。

帝国大学、気象台に基礎的科学の出講も頼みよくなるだろう。」

青山は、安中電機の社内に「帝国無線電信通信術講習会」を開き、機器・設備を開放、三年間に三百人強の国家試験合格者を輩出した。

私企業の安中電機が時代のニーズを先取りし始めたこの講習会は、三年の短期に過ぎなかった。

この森の中に生れた小さな泉の流れは、第一次大戦による日本海運の大躍進により、大正七年、社団法人・電気通信協会の「無線電信講習所」に継承経営された。

新体制では、田健治郎は協会の「顧問」に、青山は「教育委員」にその名を見ることが出来る。

昭和十七年には逓信省の直轄になり気象学などの科学分野も整備された。

戦後の二十三年に文部省に移管され、
翌二十四（一九四九）年、国立の「電気通信大学」と大空を駆ける「翼」を得て、
戦後の復興を支え、現代の情報化社会の指導者を養成する天空の大河となっている。

その間の総代を一名なら私は、逓信省直轄の無線電信講習所を卒業した「藤原寛人《ひろと》」を選ぶ。

無線通信は成層圏の状況、気象条件に左右される。

彼は中央気象台に就職、富士山測候所で山岳気象の観測に当たった。

後に山岳小説「強力伝」により直木賞を受賞した作家の「新田次郎」である。

日本は『官尊民卑《かんそんみんぴ》』の社会である。

それ故、民間に生まれたものを、行政、お上《かみ》が取り上げ、継承育成するという発想はしないもの、
これは例外中の例外、ＤＡＴの二人、そのＤＮＡが今に流れる奇跡の事例に違いない。

三・二　ヒーリング商会東京支社長

ヒーリング商会の東京支社は京橋区妥女町《うねめ》二十一番地。
歌舞伎座、晴海通りの向かい側、今は「銀座・三重ノ海」やカフェ「マザーリーフ」があある。

日本の電信・電話の発展と共に青山と一人、二人だけだった支社の社員も増え、一流の貿易商社としての確固たる基盤が出来上がっていた。

逓信省から来た後輩も多かった。

彼らがヒーリング商会で戸惑った第一は、給料が格段に良くなったこと。

第二は、会議から書類や図面、メモの類まで英語だった事だという。

青山も英語に不自由な様子はなかったらしい。

一体、いつどこで身に付けたのだろうか。

設備の取扱いは、カタログの仕様を読んだだけでは仕事にならない。

専門書を取り寄せ、理論・原理や背景に至るまで理解しなければならない。

福沢諭吉の例ではないが、明治の向上心ある青年にとって辞書一冊、自学自習だったのだろう。

青山の手帳には見聞、数字、談話要旨、用件の一切が細かく記載されていた。記憶のためではなく、次の活動への準備であった。手を抜いたり、無為に時を過すことがなかった。

こんな記述もある。

「九時半出社したるも、社員出社せず、開扉なきため直ちに外出、自動車あらざるため徒歩にて逓信省にいたり、経理・工務・電気の各局長・次官・その他の課長に挨拶をなし懇談。」

逓信省は木挽町八丁目（現在の銀座八丁目）、徒歩五分の距離だった。

逓信省の同僚・後輩が地方から上京、青山を訪ねると、名簿を取り出し、

「君は何期生だ、君の知っている人は誰か？」

「君が一々この人達を訪ねても面会できないから、一席催そう。」

早速、青山から電話、速達便が届き、二・三十人が集まって来る、旧友達と楽しげに語り合う青山。

その費用は青山が負担、しかしいささかも恩着せがましい態度やそぶりを見せなかった。


青山はいつも業界の協調、発展を求めていた。

工業の黎明期、日本は過当競争の社会だった。

相手を押しのけ、無理な商売に走る。

その結果どうしても作りが粗雑になり、日本製品の評判を落とした。

狡猾な外人商人は日本人の弱点を見逃す筈が無く、互いに競争させ買い値を下げさせた。

売り手は注文を取るために無理な値引きに応じ、それが低賃金・長時間労働の背景になっていた。

第一次世界大戦中、ロシアから日本に軍用電話と電線の大量引き合いがあった。

窓口はヒーリング商会。いつもの病癖が出たのではお国のためにはならない。

青山は、電話は共立電機、沖商会、日本電気の三社を。電線は藤倉、古河、住友に声をかけた。

しかし、各社それぞれに思惑と計算があり、容易に話がまとまらない。

朝の十時からの会合は、正午に至るも、腹の探り合いが続いていた。

お昼になり青山が顔を見せ食事に誘った。

おいしい銀座天金《てんきん》のテンプラをご馳走になったという。

テンプラと青山の笑顔が触媒となり、午後は雰囲気が一変。

それぞれの満足のいく数量と価格の合意が出来たのである。


青山のもとに、自動車を研究中の橋本が訪れた。

「自動車一台の部品を輸入したいのだが、快進社のものは、私を含め、自動車には素人なのだ。

一台の部品を輸入し、組み立て、機械の仕組みを学ばせたいのだ。

機械の堅実なスイフト、ハンバーがよいのだが……。」

「調べてみよう、英国車なら可能と思う。

組み上がって、手頃な売値なら、客もつき、経営の支《ささ》えになるだろう。」

青山は、ヒーリング商会の扱いに自動車を加えていた。

明治四十（一九〇七）年、青山支配人の重要行事は、上野・池之端「東京博覧会」への出展だった。

明治天皇が行幸《ぎょうこう》になるからである。

ヒーリング商会は電話機、電話自動交換機、ガスエンジン、発電機、そして扇風機を展示した。

陛下は機器類を興味深げに御覧になり、扇風機の前で歩みを停め動かれなくなった。

風を送る機械にいたく興味をもたれたご様子だった。

〝これが欲しい〟とは、どんな場合でも仰せにはならない。

しかし、じっと御覧になられたということになると宮内庁がお買い上げになる。

イタリア製百ボルト用のこの扇風機は、宮中の電源が二十四ボルト用の蓄電池だった為に、コイルを巻き直し、ファンとガードに金メッキをして納入した。

当時、宮中に納める小器具類は金メッキをしなければならなかったのだ。

この扇風機が宮中でどう使われたのか青山は知らない。

蒸し暑い日本の夏、天皇から皇后へのプレゼントとして、お買い上げになったのかもしれない。

三・三　残照は今の世に輝く

大正六（一九一七）年、青山は四十三才、十三年間勤めたヒーリング商会を辞任。「日本国産（株）」を設立、英国の名流会社、支配人の優雅で安楽な生活を捨て、これからは、日本製品の輸出、海外への販路の開拓に汗を流したい。これが青山の志であった。

時は、第一次世界大戦の最中。ロシアからの軍事電話など、海外から日本製品の商談も多かった。

大正七年、欧州の大戦が終わると海外からの引き合いは激減、全く途絶えてしまった。史上空前の「大戦景気」から一転、世相は不況一色となった。

電信・電話業界は、好況期の過大な投資が負担となり、どこも負債は巨額なものに。

青山は輸出への第一歩を踏み出す前に、救援活動に専念する毎日となった。

明治四十一年の設立以来、青山が相談役を務めていた「共立電機（株）」。

明治・大正期は、日本電気（株）、沖商会と共に三大電話、交換機メーカーの一つだった。

しかし不況により経営危機が表面化、資本金五十万円に対し、借入金は五〇〇万円に達していた。

青山は急を要する資金繰りに個人的にも融資をし、銀行融資には個人保証も行なっていた。

青山は銀行側の強い要請を受け、昭和三（一九三八）年、共立電機の社長に就任した。

理由は「多年勤務の従業員の失職を救う為」だった。

青山は電気関係、多くの創業に参画したが、「放送」もその一つ。

「放送さえあれば、かほどまでの朝鮮人惨害《さんがい》は止め得たであろう。」

「流言飛語四隣《りゅうげんひごしりん》に湧《わ》き、真偽《しんぎ》を確《たし》かめる道は絶えてなく、仮に信用すべきラジオの声を耳にせば……。」

関東大震災を契機にラジオ放送の開始を求める声が広がった。

放送事業の将来性は高い。安中電機もラジオ受信機の製作に着手。

青山は採算より、ラジオの普及を優先し、従来の半額に近い価格で市場に提供した。

大正十三（一九二四）年、「東京放送局」が開局、
二年後には東京・大阪・名古屋の三放送局体制による「日本放送協会（ＮＨＫ）」となった。

初代会長は後藤新平、青山はＮＨＫの関東支部の理事、本部の筆頭理事も兼務していた。

青山の最大の貢献は放送のキーマン、東京放送局の技術部長に、自分の後継者として信頼していた部下、逓信省の後輩、日本国産の支配人の北村政治郎を供出したことだった。

「国家的事業である放送局よりの渇望《かつぼう》であれば割愛《かつあい》することこそ当然である。」

しかし後任の支配人は、後に青山を生涯の苦境に追い込むことになる。

世は不況一色とはいえ、青山の関係する事業は小康状態にあった。

「欧米の電気・通信の状況を見たい。」

昭和四年三月、青山は、長年の親友、藤倉電線社長の松本留吉と二人、半年間欧米視察

に旅立った。

その間に大事件が起きた。

「留守中に（日本国産支配人が）社外の事に手を出し、損を取り返そうとして、深みに入って大穴をあけてしまったのです。私が、その支配人に印判まで委せきりにしておいたのが悪かったのです。」

後になりごく身近な人に語っている。

「工場を閉めてしまえば数百人の従業員の失職になるので、作業を続けながら整理案を実行する」

整理案は、安中電機と共立電機の合併、「安立電機（アンリツ）」の設立だった。

青山は持ち株を売却、全ての関係会社の重役を辞任、退職手当の一切を整理資金に充当した。

白金の自宅、鵠沼の別荘、私財の全てを事業の整理に提供した。

青山の家族はテニスコートのある白金の大邸宅から、太田区中延の小さな借家に移り住んだ。

「すまぬことになってしまった。これを元手《もとで》に生計《くらし》を立ててくれ。」

青山が自家用に使っていたダット自動車は、八島運転手の退職金になっていた。

青山が一切の事業から手を引いて三年が経っていた。

〝人生萬事塞翁が馬〟

青山と松本留吉、弘田国太郎の三人が出資し設立した電気工事の「弘電社」。

青山は明治四十三年の創業から相談役、弘田の後を受け、昭和八（一九三三）年、社長に就任した。

弘電社の本社は、銀座五丁目みゆき通り木挽《こびき》橋交差点、あのタクリー号誕生の地にある。

都庁、新丸ビル、六本木ヒルズの照明、防災設備から、衛星通信、風力発電所までも手がける超一流のエンジニアリング会社である、
経理部の金庫に大切に保管されていた一冊の本、『青山禄郎傳』。

その最後に、子息、青山伊佐夫氏はこう書いている。

「父が昭和四年に洋行不在中、日本国産（株）の経営を託されていた某の不始末に端を発し、父の経営した他の二・三の会社まで累を及ぼし、帰朝後、結局、関係事業を全部整理するの已むなきに立ち至った事は、父の生涯での最大の事件であったと存じます。当時、私は学校を卒えたばかりであり、且又父が、その事情を一切話してくれませんので、私共は不安な気に襲われながらも、ただ父が緊張した面持で早朝から深夜まで連日連夜必死に奔走しているのを見守り秘かに胸を痛めるのみでありました。その後、数ヶ月経ってから父は私共を呼び寄せ、

『俺の不注意の為、事業に失敗してしまったから、今まで関係した会社は全部辞めることになり、今整理中である。そこで、この家をはじめ財産は全部提供することにしたから、出来るだけ早くこの家を出て、どこか小さな家に入り緊縮の生活をしなければならない。こうなったのも、皆俺の不注意から起ったのだから、決して他人を怨むようなことをせず、今までのことは一切諦めてしまって、一同気を新たにして助け合って行くようにして欲しい。なお、お前たちの将来に迷惑を及ぼすようなことは決してないし、又お前達の勉学だけはどんなにしても続けられるようにするから、安心して学校用品と是非必要な日常品だ

けを取まとめて引越の準備をしておいてもらいたい。俺もまだ充分働けるから、全力を尽くして、一刻も早くこの整理を済ませ、又新しく出直して行く決心でいるから、よく俺のことを理解してくれて、暫くの間の不自由は我慢して忍んでもらいたい』

後になり、他の人からこの事件の一部始終を聞き、一切の責任を一人にて負い、私財全部を提供し、誠心誠意整理に努力した父の態度の立派さを知り、いかなる苦境に立っても、日頃の自己の信念に揺ぎもない父の偉大さに接し、私は深い感銘を受けました。」

青山は「電気一業」に生きた男だった。

当時の花形は「重電」。大学生は表街道の電力会社・電機会社の設計技師を志望した。

郵便電信学校出の青山は、電信・電話・電線・信号・放送………、裏街道を歩む。

この道は現代の花形、情報化社会に続く道。

しかし、花が開くのは、半世紀後のこと、青山は夜明け前の男だった。

資金が不足、技術も低く、人材が揃わない。

工業の黎明期、三重苦と闘うパイオニア達にとって青山は、頼りになる男だった。

さりげなく、惜しみなく援助の手をさしのべ、相談にのっていた。

見返りをもとめず、提供されても一切受け取らなかった。

「温顔如玉《おんがんたまのごとし》」、
誰からも敬愛され、慕われていた。

電気以外に青山が援助したのは橋本増治郎と岡崎の先輩、「本多光太郎博士」である。住友財閥の当主、住友吉左衛門の頭文字から名付けた「K・S磁力鋼」の発明物語は有名である。

東北帝大「鉄鋼研究所（現・材料研究所）」の設立に当たり、大阪の住友財閥の大口寄付以外に、東京でもかなりの寄付がなされている。その中心にいたのは青山だった。

青山は本多博士から上京の連絡を受けると、知り合いの事業家、知人、友人などに広く呼びかけ、席を設け集まってもらい、本多博士の講演会を開き、寄付の協力を呼びかけていた。

「鉄は工業の基幹である、鉄が世界の一流にならなければ、日本の工業も一流にはなれない。」

青山は郷土の先輩の大志、その実現にも微力を尽くしていた。

昭和十五（一九四〇）年一月六日、弘電社社長、青山禄郎逝去。

大海に沈む冬の夕日のように、空に美しい残照を残し、六十六年の人生を終えた。

四　竹内明太郎

四・一　会議に席次《せきじ》を設けず

平成十二（二〇〇〇）年十一月、伝統があり名門といわれた「新潟鉄工所」が倒産した。裏日本、雪国というハンディを克服し、販路を世界に広げている有名大企業は「小松製作所」（コマツ）一社になってしまった。北の荒野に立つ姿ゆたかな楡《にれ》の巨木にも似ている、強靭な体質の会社。その創業の人が「竹内明太郎」。小松の近く「遊泉寺銅山」の経営者だった。初代の小松鉄工所、組織のトップの所長はＤＡＴの父、快進社社長の橋本増治郎である。

現在、地方でも成功しているハイテク、情報、ファッションの会社がある。

地方空港が発達し、高速道路も広がり、インターネットが繋がる時代、ハイテク製品やソフト制作であれば、日本全国どこに本拠があってもそう不便ではないし、ハンディとはならない。

しかし、今から九十二年の昔、一九一七年に北陸の小松に機械工業を興すことは難事だった。

春の到来の遅い北陸の豪雪地帯、海からの凍風が顔に痛く突き刺さり、雪に埋もれた田畑と野山の他には何もない、ごく寂しげな土地。

近くに市場も、部品工業もない、無とマイナスからの出発だった。

名峰、白山連峰を遠くに望む温泉宿に竹内と橋本が泊まった夜、膳の上に新鮮な山菜があった。

「この雪の日に、なぜ」

訊ねられた宿の女将は竹内に

「雪の季節でも山間の湧き水のそばに、せり、蕗《ふき》のとうなどの山のものが自生するのです、ひと足早く春がやってくるのですね。」と。

「しほらしき名や小松吹く萩すすき」（芭蕉・奥の細道）

ここは名にし負う小松の里だ。

防雪林、冬場の浜風から生活《くらし》を守る松林と、新しい水がいつも湧き出る泉を組み込んでおけば、北陸・雪国という困難も乗り越えられるのではないか。

竹内と橋本、二人はその夜、いつまでも話しあっていた。


縁《えん》とは不思議なもの、何か目に見えない糸で結ばれている。

ニッサン社長の「カルロス・ゴーン」が一九八一年に初来日、二日間の日本滞在。

目的は「コマツ」の訪問だった。

ゴーンはミシュランの研究開発センター、大型タイヤ部門の責任者。

コマツはキャタピラー社に次ぐ世界第二位の建設機械メーカー、ミシュランの大切な顧客である。

鮮明な小松の印象、それはある「会議」の光景。

フランスでは、組織のトップ、部門のチーフが計画を説明、要点と分担の指示をする。質問があれば、トップ自らがそれを裁《さば》く。

メンバーの社内序列も、会議の進行と共に、自ずと明らかになる。

コマツではメンバーはみな、同じユニフォーム、職位の違いも上下の関係もよくわからない。

職掌《しょくしょう》・職位《しょくい》を異にする人たちが、自主・自立、自由に意見を述べ、それぞれが質問に応えている。

この異質の体験にゴーンは考えた。

二つの国のマネジメントの違い、これは人間の右手と左手の違いかもしれない。ある状況下に於いて、二つを統合《インテグレート》できれば、変革の大きな力が生まれるのではないか、と。

「会議に席次《せきじ》を設《もう》けず」という、新しい水がいつも湧き出る仕組に気づいていたのだ。

四・二　父、竹内綱

竹内明太郎は万延元（一八六〇）年、父・綱の長男として土佐・宿毛《すくね》に生まれた。ペリー来航の二年後である。

宿毛は高知市から列車、バスで三時間もかかる高知の最西端、今は人口二万五千人の漁業の町。

しかし、明治期には数々の著名人を輩出している。

岩村通俊、林有造、岩村高俊の三兄弟、小野梓、大江卓など日本近代史に名を残した。

父・綱は「土佐・自由党・自由民権運動の重鎮」として知られているが、『竹内綱・自叙傳』を読むと、有能な改革者でもあり、大局眼の持ち主だった、若い頃の記述は実に面白い。

宿毛は土佐の家老・伊賀家（六千二百石）の領地。時は幕末、尊王・佐幕と二派に分かれ対立、その結果重役達は全員辞職、綱は二十三才の若さで目付役、伊賀家の重責を担うことになった。
幕末、どこの藩でも経済的に疲弊し行詰っていた。
士分の禄を半知借り上げしても財政の累積赤字は埋まらない。
異国船打ち払いのため、砲台・銃器・弾薬の調達、緊急の資金が必要となった。
老人達には万策尽き、事態打開の方策が描けなかったのである。

綱が目を付けた第一は「樟脳」、外国との交易、長崎に運べば高値で売れることを知っていた。
領内の 樟《くぬぎ》を切り、これで当座の軍備を整えた。
第二は「地租の改正と手続きの簡略化による行政改革」、
過去三年間の収穫量を平均化し、十年間の米価の平均値を乗じ、十分の四を年貢米として徴収（従前は十分の五）、改正に三年を要したが、これにより地租収入は倍増、半知借り上げも廃止できた。

明治六（一八七三）年、綱は大蔵省六等出仕（現代では本省の課長クラス）となる。「京都事件」の調査委員を命じられる。司法卿江藤新平と「参座《さんざ》会議」で意見が対立、辞職に至る。

参座会議とは、日本でこの時に、唯一度だけ設けられた、お役人を裁くための「行政裁判」、判事（調査委員）は各省からの課長クラスが任命された。

京都、ここは千年の都。

しかし維新と共に天皇は東京に遷都、有力公卿、御用商人達も従い、寂れゆく一方だった。

そこに有力な政府の御用商人、小野組が本店を東京に移す話が持ち上がる。

京都府の大参事（副知事）、槇村正直《まきむらまさなお》は握り潰し許可を出さない、京都の活性化には極めて熱心だったが、やり方が「強引《ごういん》」だった。

「畏《おそ》れながら」小野組は司法省に訴える、槇村は窮地に立った。

長州一派はこれに非常な危機意識を持った。

江藤は山県有朋を「山城屋事件《やましろや》」で、井上馨を「尾去沢鉱山事件《おさるざわ》」で中央政府から追い払っていた。

これは江藤の策謀、何としても京都の槇村は守らねばならない、綱は伊藤博文から頼まれていた。

京都の借りを返す意図もあったのか、伊藤博文から綱に「高島炭鉱」の情報がもたらされる。

「炭層は十尺が一層、八尺が二層、炭質はきわめて上質、長崎・上海へと販路には困らない。

政府として相応の希望者がいれば、これに払い下げる用意がある」と。

綱は後藤象二郎に話を持ちかけ払い下げを受ける、代金は五十万円。

明治八年、綱は後藤から高島の経営を任された。

高島の近郊の端島《はしま》（後に軍艦島と呼ばれた）・大島・香焼島《こうやぎ》の三鉱山をも買収し、順次開抗した。

明治九年六月の出炭は毎月約三万トン、利益は五万円を計上した（米価換算、一万倍、五億円）。

明治十年「西南の役」。西郷の挙兵に呼応して、土佐・立志社の幹部達も、政府転覆の計画を図った。しかし計画は政府の知るところとなり一味は検挙された。綱も計画に関与した容疑に問われ、新潟監獄で一年間、禁獄《きんごく》生活を余儀なくされた。

その間、高島と端島・大島・香焼島の四つの炭鉱は、岩崎弥太郎に譲り渡されてしまった。

弥太郎が莫大な借金と共に、後藤から引き継いだ高島炭鉱。

弟の弥之助が三菱の第二代目社長となり「海から陸へ」と方針を転換。

その時、三菱にとって将棋の飛車と角のような役割を担ったのが、高島炭鉱と長崎造船所だった。

高島・端島の石炭は、上海・香港・シンガポールへと販路を広げ、収益は日清・日露戦争から戦後の復興期に至るまで、三菱の発展、最大の原動力となった。

綱の逮捕・入獄されることがなければ、三菱は船会社に留まっていたかもしれない。「国家反逆罪《はんぎゃくざい》」は、いつの時代、どこの国でも、死罪ないし終身刑が相場、禁固一年は、政府と土佐・立志社に取引があったことを物語る。親分衆（板垣退助、後藤象二郎）の身代わりに、「形《かたち》だけ」土佐の大政《おおまさ》・小政《こまさ》（立志社の幹部）達が服役したのである。

綱の入獄中、明太郎は東京と新潟を往復した。

綱の依頼で明太郎は英和辞典、英語独習案内などの書物を購入し、新潟の監獄に送った。綱の英語は師につかず、全くの独習であったが、入牢中も勉強を忘れてはいなかったのだ。

『官令新誌』を取り寄せ、政府の新たな方針、施策を知るなど、無為に日を過すことのない綱の獄中生活に、明太郎は多くの訓《おしえ》を学んでいた。

四・三　工業は富国の基

綱は高島炭鉱を離れた後も炭鉱経営に熱意を持ち、明治十八（一八八五）年、佐賀県「芳谷《よしのたに》炭鉱」の払い下げを受けたが、経営の実務は明太郎に任せることにした。明太郎は二七才、炭鉱機械をイギリスから取り寄せ、炭鉱と唐津港間に軽便鉄道も敷設した。

炭質は火力が強く、鉄道、セメント、ガラス工業にも用途が広がった。

明治二十五年・六万トン、三十七年・十八万トン、四十二年・二十二万トン。

経営は順調に推移し、明治二十七年に、社名を「竹内鉱業所」とした。

明治三十五年には石川県、「遊泉寺《ゆうせんじ》銅山」も買収し、日本でも有力な鉱山会社となっていた。

炭鉱は地下での作業、英国製の一流の機械といえどもよく故障した。

地質、風土が違う故である。炭鉱に付属の鉄工所を設ける必要に迫られた。

「唐津に一つの機械工業を興したい。」

明太郎は基本構想（工場設備の選定と製作機種の選択）に時間をかけた。

「唐津の旋盤」、明治四十四年、旋盤の第一号機は鮎川義介の戸畑鋳物に納入。

池貝鉄工所、新潟鉄工所、大隈鉄工所と並び一流の工作機メーカーになった。

日本の有力な炭鉱経営者には「幸袋製作所」を経営した大正鉱業の伊藤伝右衛門のように、「鉱山機械」の修理と製作にまで仕事の領域を広げた者はいたが、その一歩先、「工作機械」の製作にまで足を踏み入れた者は竹内明太郎ただ一人。

鉱山機械は鉱山の採掘という用途に限られ、地層により仕様を異にする、いわばローカルな商品であり、メーカー間の競争が少ない。

これに対し、工作機械は一流工業国にのみ作れる国際商品、工業の母、マザーマシーンなのだ。

中途半端には取り組めない事業である。明治四十四年、明太郎は、芳谷炭鉱を三菱に売却、資金を唐津鉄工所の設備の強化と人材の育成に投入した。

「遊泉寺銅山」

遊泉寺の銅の産出は明治初年、年に六トンに過ぎなかったが、電気精錬など欧米から最新の技術を取り入れ、大正四年には、年六一二トン、生産は百倍に。

鉱区も百十四万坪、従業員一六〇〇人余、活気溢れた鉱山町に発展していた。

「鉱山は掘りつくせば、いつかは鉱脈はなくなってしまう」

「今楽しげに盆踊りを踊る鉱山の子供たちに、その時いったい何が残るのだろうか」

銅は輸出の花形、日本の銅山は繁栄の中にあったが、竹内には今が転機との思いが強くなった。

日本の機械工業における最大の難所は鉄、上質な鉄鋼の不足にあった。

「製鋼から機械の製作まで、小松には一貫した工場を造る。」

鉄鋼を自製することにより製品の特徴が生まれ、それが強みとなり、競争力が倍加するに違いない。巨額な設備投資となるが費用は惜しむまい。明太郎は決断した。

「小松鉄工所」の設立は大正六（一九一七）年。外販を始めたのが大正九年の不況期。

「多種少量生産によるコスト高、販売競争の激化で最悪の状況が続いた」

苦難期、経営を支えたのは電気製鋼技術の優秀性。

関東大震災における復旧用の橋脚、鉄道・電鉄の部品、鋳鋼の需要だった。

電気製鋼は長い冬、苦難期の「防雪林」となっていたのだ。

昭和六（一九三一）年、大型プレスへの挑戦、昭和十三年には、日本初のトラクター、その後も日本初のブルドーザーと続き、ついにコマツは産業機械の雄となっていくのである。


コマツが北陸の地に根を下ろしたもう一つの要因は「見習生養成所」かもしれない。

「新しい水がいつもが湧き出る泉」

明太郎は、自ずから養成所の所長となって、新しい水の自噴装置を作り上げていたのだ。

近くの金沢は江戸期から伝統工芸の街。ひとり一人が師承の異なる流儀で仕事をする。

新しい酒は新しい皮袋に、真白な無垢の新人に新しい技能を教える必要があった。

遊泉寺銅山、近くの農村の子弟には能力があっても経済的に上級の学校に進学ができない子供達がいた。コマツの見習生養成所は彼らの憧れの学校となった。

明太郎は自信の持てる製品ができるまで外部への販売は一切させず、その間竹内鉱業所の持てる資力を惜しみなくコマツの設備の強化と人材の育成に注ぎ込んでいた。

明太郎の不退転の決意から滲み出た経営理念なのである。

遊泉寺銅山の鉱山機械の修理に満足しているだけの会社ならば、世界に雄飛する産業機械の雄、コマツは今この世に無く、銅山の閉山と共に企業の活動は終わっていたであろう。挑戦を、その苦しみの中から、どんな風雪にも耐え得る強靭な会社が生れたのである。

明太郎は遊泉寺銅山、小松製作所を度々訪れた。

「鉱山の現場視察に行くときは、いつも古びた洋服に巻き脚絆《きゃはん》、草履《ぞうり》履きというぃでたち。現場で出会った抗夫にも、いちいち脱帽して会釈を返していた。」

「皮の煙草入れをポケットから取り出し、キセルをふかしながら社員と談笑するのが好きだった。」

「独立心なく卑屈なるを嫌い、為《な》さざる者を咎《とが》め、為して失敗するものには許す度量を持っていた。」

「名声や金銭に頓着《とんちゃく》せず、衣食住は正しく生きていく為の方便としか考えていなかった。自分を高しとするような人は、それが学者、実業家、技術者、政治家であれ大嫌いだった。」

当時の部下たちはこう語っている（『沈黙の巨星、小松創業の人・竹内明太郎伝』）。

四・四　早稲田理工科の寄付

明治三十二（一八九九）年九月二十六日、福岡日々新聞（西日本新聞の前身）の創刊六〇〇〇号に紙面二ページの大論文「我をして九州の富人たらしめば」が掲載された。寄稿者は森林太郎（鴎外）（小倉第十二師団、軍医部長）。

かねて知り合いの主筆、猪股為治《ためじ》から記念号に執筆の依頼を受けていた。直方駅で人力車の乗車拒否に合い、炭鉱主から正規の料金の何倍かのチップになれた車夫の横暴に、金まみれの人心荒廃を慨嘆して意見を寄せたのである。

反響は大きく、この一文に衝撃を受けた炭鉱主がいた、明治鉱業社長の安川敬一郎。「財産は国家の為に使うべきで子供の為に残さない」

彼は寂しい田舎町だった「戸畑」に「明治専門学校」（現・九州工業大学）の設立を計画。

明治四十二年、採鉱・冶金・機械の三科で開校、二年後には応用化学と電気の二科を加えた。

同じ頃、明太郎も九州の「唐津」に工科の大学を計画していた。

日清・日露戦争の勝利は日本の資本主義勃興期を呼び、鉄道、紡績、造船、製鉄会社の設立が活発になっていた。

東京工業学校の学生もその方面に吸い取られる。

毎年一名、採用できたものが、九州・唐津鉄工所を希望する卒業生はいなくなった。

「工業は富国の基、唐津に工科の学校を作ろう。」

東京工業学校・手島精一校長に相談し、帝国大学、東京工業学校の優秀な学生を選抜。教授養成のため五年間の海外留学、欧米の大学に派遣した。

何かにつけて早稲田とはライバル関係にある慶應義塾大学。

「数理学」を教学の根幹において、福澤諭吉が創立したこの学校に、悲願だった工学部が併設されたのは昭和十九（一九四四）年、藤原銀次郎より藤原工科大学の寄付を受けてのことだった。

慶応義塾は福澤が安政五年、江戸・鉄砲州、奥平家の中屋敷に蘭学の家塾を開いたのが始まり。

早稲田の創設はそれに遅れること二十五年、しかし明治四十一年、「理工科」を開設、慶応大学工学部の三十八年も前に「走者一掃、大逆転の一打」を放ったのである。

早稲田は明治十五年、前身の『東京専門学校』の創設時に、政治経済学科、法律学科と共に「理学科」を開設した。しかし、志望する学生が少なく三年で閉鎖、世は未だ工業の黎明期だった。

再度の挑戦、明治四十（一九〇七）年、早稲田は建学二十五周年事業として積年の夢、理工科の開設を発表、募金活動にはいった。

「草創期の早稲田は、政府からは〝謀反人養成所〟のレッテルを貼られ、入学志願者父兄への威《おど》しや銀行融資の妨害、官公吏の出講停止措置まで取られていた」（『稲門の群像』）

「在野の精神」だけでは、資金も生徒も集まらず、計画は立ち往生していた。

特に困難だったのは教授の陣容、早稲田は理工学の分野には土地勘も人脈も無かったからである。

東京工業学校手島精一校長に話しが持ち込まれ、手島は明太郎に話しをつないだ。

明太郎と安川の構想は近接し交差《クロス》していた。

「これは考えてみよう。唐津と戸畑、北九州に二つの工科の学校はいらないのかもしれない。」

明太郎は早稲田の申出を快諾、養成し準備をしていた教授、設備の一切を寄付することを決断した。

明太郎が寄付した人材は早稲田大学理工学部発展の礎《いしずえ》となった。

「大隈講堂」の設計者、建築学科長の佐藤功一を始め、機械学科長の遠藤政直、電気学科長の牧野賢吾、採鉱学科長の小池佐太郎と海外留学の後に、小松製作所の要職に就《つ》け、手塩にかけて育成してきた中村康之助、西岡達郎、岩井興助など粒揃いの精鋭達だった。

戦前の二〇年間に亘り早稲田大学の理工学部長となった「山本忠興《ただおき》」もその一人。

山本は明太郎の妻・亀井の兄、山本忠秀の子、甥である。

現在、スポーツといえばプロ全盛の時代。

しかし戦前は野球も駅伝も学生スポーツが花形、その雄は「都の西北」の校歌、早稲田だった。

日本人初のオリンピック金メダリストは第九回（一九二八年）アムステルダム大会・三段跳びの織田幹夫、続いて第十回（一九三二年）ロサンゼルス大会の南部忠平、両人共に早稲田人。

第十一回ベルリン大会では日本代表選手一七九名のうち四十七名を早稲田出身者が占めた。

山本忠興はアムステルダム大会の総監督、日本選手団長。

スポーツは元来イギリスの私学校が発祥の地、貴族階級の専有物。それ故、日本では一高・三高、早稲田・慶応などの、ごく限られた一部のエリート達が伝習していた。

それが早稲田の大衆性・庶民性と共に、「早稲田のスポーツ」が日本の「学生スポーツ」に……、そして「日本国民のスポーツ」に、と急速に広がっていったのである。

明太郎の寄付には早稲田のスポーツという「素敵なオマケ」付だったのである。

理工学部長、山本の専門は電気工学、電子・情報通信の技術分野に活躍する俊英を育てたが、

以上総代で一名を選ぶとするならば、ソニーの井深大になる。

井深は、山本の長男と幼稚園が同級、二人は友人、大の仲良しだった。

その縁で山本からは「井深、井深」と可愛がられていた。陸上競技の対抗試合には、井深手作りの増幅器、拡声装置、マイクなどの一式を肩に担いで山本に付いて後ろを歩いた。

井深は幼少期に早く父を亡くしており、山本に亡き父の面影《おもかげ》を重ねていたのかもしれない。

ライシャワー博士（ケネディ大統領時代の駐日大使の父）と山本の二人は「東京女子大学」の校賓《こうひん》。

山本は昭和十三年から亡くなるまで、ライシャワー博士の後を継ぎ十三年間、理事長を

務めた。

日米の太平洋戦争。米人の理事・神父・教授達は引き揚げ、米国からの資金援助も途絶えた。

世間からは、親米学園として何かと白い目で見られ、窮屈な時代を過さねばならなかった。

教室は軍需工場に転用され、白い礼拝堂の壁も教室も、黒い迷彩色に塗られ、学園は荒廃した。

戦時中は学園の維持に、戦後は大学の再建のため、山本は募金・財政支援の先頭に立っていた。

山本の最後の仕事となったのは「国際基督教大学（ＩＣＵ）」の創立。

キリスト教を基調に、日本民族の新しい未来を開拓していくため人文科学、社会科学、自然科学の三つの科学による理想的な大学の創設に尽力していた。

生命の尽きる日まで山本は、日米の募金活動に、用地の選定に、常に活動の現場に顔を見せた。


もし山本がいなければ、この構想は戦後の混乱期、世に生まれていただろうか。

見せた。


山本の考え方の根底にはいつも、「国境を越えたもの」という選択があって、「自分にとって宗教と科学とスポーツがそれだ」という。(『早稲田百人』髙木純一)

科学とスポーツの前に宗教があるのは、夫婦共に敬虔なクリスチャンだったからである。明治維新になっても「切支丹・邪宗門の儀は堅く御禁制」、ヤソ教は毛嫌いされていた。

二人は土佐と丹波の旧家の生まれ、結婚には双方の親族共に猛反対だった。妻の姉たちは「家門《かもん》の恥、どうしてもその結婚を遂《と》げようとするなら絶縁する」と。夫の親族は「忠興は別に盗人をしたわけではないから、今後の出入りは差しつかえないが、妻女の出入りは固くお断りする。」

それらをなだめどうにか、なんとか丸く治めたのは妻の叔父・田健治郎と夫の叔父・竹内明太郎。

DATのDとTの二人、ウソのようだがこれは本当の話、世間は広いようで狭いのだ。

結婚式は明治四十（一九〇七）年九月、二人が出逢った富士見町教会（東京・飯田橋）。式後、教会の二階で質素なお茶の会があった。

「小さな竹籠の中にウエディングケーキが一つ入ったもので、客人たちを珍しがらせた」という。

嫁入り支度を整え、妻・綾子の親代わりを務めたのは田健治郎夫妻だった。田健治郎日記には随所に、「山本夫妻来訪」の記述が見られる。喜びの時も悲しみも人生の折節《おりふし》には欠かさず、夫妻揃って報告に参上していたのである。早稲田のスポーツもＩＣＵの創立も、二人の出逢いと結婚がなければ、この世に生れてなかったのかもしれない。

四・五　無名の英雄の死

『文藝春秋』は、平成十四年二月の創刊八〇周年記念号に読者が選んだ「誇るべき日本人」八〇人を発表した。

・吉田茂（六九五票）・司馬遼太郎（六五四票）・昭和天皇（三一二票）がベストスリーである。

誇るべき日本人、第一位の「吉田茂」は、敗戦により誰もが自信を喪失《そうしつ》していた時代にも、言語がいささかも揺《ゆ》らがず、敗戦によってもうちひしがれない男だった。

政治ストを煽《あお》る男たちを「不逞《ふてい》の輩《やから》」と断罪《だんざい》し、単独講和に異《い》を唱《とな》える南原繁《なんばらしげる》東大総長を「曲学阿世《きょくがくあせい》の徒《と》」と切り捨てた。

日本の農業統計はデタラメ、と吉田を攻め立てるマッカーサー元帥には、「戦前にわが国の統計が完備していたならば、あんな無意味な戦争はやらなかったし、また戦争に勝っていたかもしれない。」と切り返した。

怖いもの知らずの吉田にも、頭の上がらない人が一人いた。「茂、茂」と、いくつになっても、領事や大使になっても呼び捨てにする実兄の明太郎である。

二人が顔を合わせたのは明治二〇年十二月、茂・八才、明太郎・二十五才の時だった。「保安条例」により、自由民権運動家たちは、帝都《ていと》三里を追放になり、竹内綱と明太郎は、吉田健三を頼って横浜に移り住んだ。

自分が養子の身であることを知らなかった吉田の前に、「私のことを呼び捨てにしたり、横柄《おうへい》なものの言い方をする男たち」が突然現れたのである。

やがて竹内綱と明太郎は東京へ戻り、二年後、吉田健三が亡くなった。「父の死後は塾から家に帰れば養母（「言志四録の著者、佐藤一斎の孫・士子《ことこ》」）と私の二人暮らし、寂しい家庭に、寂しく暮らす月日が何年となく続いた。」（吉田茂「世界と日本、随想編」）

中学に入ると、吉田茂も思春期である。

自分一人だけを養子に出した親への怒りと、養子であることを隠してきた親への反発。

そして、「茂、茂」と呼び捨てにされた兄が、なぜか懐かしく思うようになる。

転校を繰り返し、学習院に編入学、兄の住む麻布　笄《こうがい》　町の近く、「広尾八十八番地」に居を移した。

若者の心が落ち着いたのである、ここは吉田の自立の地、自由に大空を羽ばたく　翼《ウィングス》　を整えたのだ。

「竹内明太郎日記」には「茂」の名前がいく度も登場する。

学習院から東大への編入学、外務省入省など、人生の岐路にあたって吉田は相談に訪れている。

外務省へ提出した吉田の履歴書、「東京府豊多摩郡渋谷村広尾八十八番地」が本籍と現住所に。

吉田屋敷は今はない、フランス、ドイツ大使館に近く、ビルの街に変わっている。

「誇るべき日本人」の外交官時代に売却、男を磨くための費用となったのであろう。

快進社創立の明治四十四年、吉田茂はイタリア大使館三等書記官、ここに住んではいなかった。

この地を橋本に提供した明太郎には、弟と橋本に何か重なり合う思いがあったのかもしれない。


アメリカに鉄鋼王と呼ばれた男がいた。

製鋼所を売却、その資金で慈善事業を行なった。

カーネギーホール、カーネギー工科大学……、満天の星の如く、カーネギーの名を今に残した。

二八一一のカーネギーの名を冠した図書館を建設、七六八九台のオルガンを教会に寄贈した。

明太郎の後半生はカーネギーとは正反対、「竹内」の名をこの世から消し去ることだった。

大正五（一九一六）年、竹内鉱業所から唐津鉄工所を独立、同九年、遊泉寺銅山を閉山。

大正十年、小松製作所を独立、昭和三年、鉱山経営の本拠、東京・明石町の竹内鉱業所を閉鎖。


昭和二（一九二七）年九月十二日、橋本増治郎は竹内明太郎を茅ヶ崎の海岸に訪ねていた。

麻布笄《こうがい》町の自宅を債務の返済に当て、家族名義で求めておいた別荘が終《つい》の住み家《か》に。

明太郎は晴耕雨読の日々をおくっていた。

小麦、馬鈴薯の畑、養蚕《ようさん》の部屋を見てまわった。

相模の海を前に二人は往時の思いをかたりあった。

鉱山は掘りつくせば、いつか鉱脈はなくなってしまう。

鉱山の子供たちに、その時いったい何が残るのだろうか。

橋を架け道を造っても、橋は水に流れ、道は草に埋もれてしまうのだ。

「工業ハ富国ノ基」

炭鉱と銅山、世上の富貴に未練をのこさず、工業に半生をささげてきた。

志《こころざし》二〇年、しかし思うようにはいかなかった、日本の工業はいまだ夜明け前。ダット自動車は米国資本の進出にくるしみ、小松製作所は長い不況のトンネルの中にいる。

「道は間違ってはいない、この道は明日へ、未来へとつづく道。」

工業は英国が二〇〇年、米国が一〇〇年を要した大事業なのだ。教育が整《ととの》い人材が揃えば、必ずや日本も世界の空に翼を広げ飛翔する時が来るに違いない。

初秋の海原、夕陽のきらめく輝きの中に、いつしか二人の時は止まっているかのようだった。

昭和三（一九二八）年三月二十三日、竹内明太郎逝去、六十六才。

早稲田大学の創設者・大隈重信は生涯、竹内明太郎のことを「無名の英雄」と称《たた》えていた。

五　鮎川義介

五・一　「貴様はエンジニアになれ」

鮎川義介《あいかわよしすけ》は明治一三年、長州の名門士族・大組《おおぐみ》の嫡男として山口市に生まれた。明治の藩閥時代、長州出身者は軍人、政治家となり出世をし要職を占めたが、鮎川の父、弥八は虚弱体質、若き日軍人を志望するも教練にはついていけず、実業の方面は性に合わず帰郷、防長新聞の支配人となった。田舎の小さな新聞社である。仕事は校正と会計係の安月給取り、二男五女の子沢山で生活は貧乏士族の典型だった。

実の父に代わって鮎川の人生の指南役となったのは元勲、井上馨《かおる》侯爵、母方の祖母の弟（大伯父）である。井上に子はなく、鮎川の兄弟は実子のように井上の庇護のもとに育っていった。

鮎川の山口高校時代のある日、井上侯は生徒達に演説。

「政治家が多すぎる。あんな空疎な学問をしてもはじまらない。わしも政治家になったのは間違いだと思っている。諸君は国の富をふやす実業家になりたまえ」

その夜、侯は鮎川を宿舎に呼んで
「貴様はエンジニアになれ」と申し渡した。

「私は無条件でその方角に進学することを誓った。私が他日、工科に進学したのは特に自分が工科を好んだというのではない」と鮎川は『私の履歴書』に書いているが、井上侯は姉（鮎川の祖母）から聡明で利発、機敏な姉の孫の様子を聞いていて、鮎川の適性を判断したのだろう。

それから数日して侯から、

「わしが話しをつけてあるから、あすからそこで寝起きをするんだ。他人のめしを食わんと人間になれんでのう」と北条教頭宅に送り込まれた。

北条時敬《ときゆき》、教え子の代表を二人選べば西田幾太郎《きたろう》と鈴木大拙《だいせつ》、哲学と禅、ともに近代日本を代表する知の巨人である。北条の専門は「数学」、鮎川という男の行動と思考は数学者に似ている。

合理主義、無駄を省き徹底して「論理」と「本質」を追求していく、これは一年間の書生生活の間に、師の影響を受け、鮎川の血となり肉となったものであろう。

明治三十三年鮎川は東京帝国大学・工科大学機械科に入学、麻布内田山の井上侯爵邸（現、港区六本木、「国際文化会館」）に寄舎する。

学生時代の三年間は、運動にテニスをする位で工科の学問一途、勉学に励んだ。

卒業後の鮎川の選んだ進路は異色だった。

鮎川は産業界に絶大な影響力を持つ元勲、井上馨の係累《けいるい》である。どこへでも望むままに就職が出来る立場にいた。しかし、彼はこのカードを使わなかった。

鮎川が選んだのは日給四十五銭、当時の相場の三分の一の給料で、菜葉服《なっぱ》を着て現場で働くこと、身分、学歴を秘して「芝浦製作所」（現、東芝）の仕上げ職場がその始まりだった。

鮎川は井上家の書生、訪れる実業家たちの実態を自分の眼で観察した結果だった。控え室にお茶を運ぶ書生への言動・態度と、井上侯の前での態度とはあまりにも落差が大きく、鮎川の眼には表裏ある二重人格者に映り、尊敬し仕えてみたいという人物がいなかった故という。

卒業試験の準備中、製図板の上に喀血《かっけつ》したことも動機となった、「肺病」の疑いがあるという。

当時、結核には治療薬は無く、これは死に至る病。若い女性達は「もうお嫁にいけない身体になってしまった」と、自分の人生、その先の未来を諦めた。

滋養のあるものを食べ安静にしていることが唯一の治療法だった。箱根・宮の下での療養生活、苦悩と葛藤の日々、いつしか死とは何か、生きることとは何か、この難題と鮎川は対峙《たいじ》していた。

後に「肺には異常が無い、血は喉《のど》から出たものだ」という診断に救われた鮎川だったが、帝大出のエンジニア、用意されたコースを歩くことは、何か虚しい。そんな心境になっていたのだ。
生きることが実感できる仕事とは何か、
それは、もの作りの現場に入り自分で見つけることだった。
天国から地獄へ、奈落の底に突き落とされ、悩み苦しみ考えたエンジニア・鮎川の結論だった。

鮎川は芝浦製作所の職工として二年間、現場で働いた。

職場は仕上げ、組立、機械と移り、そして最後に出逢ったのが「鋳物《いもの》」だった。

鋳物工場は3Ｋ（汚い・危険・きつい）の代表のように言われるが、働く人達の離職率は低い。何故《なぜ》か男を引きつける、何か不思議な魅力のある仕事なのである。

Ｘ・Ｙ・Ｚ……と、いくつもの未知数のある連立方程式を解くような難しさと、解いたときの壮快感がたまらないのだ。

うまくいって、同じ手順で次に作っても不良品になったり、失敗を重ねていても温度や湿度のちょっとした加減で、品質のよい鋳物が出来たりする。

日本の鋳物は奈良の大仏鋳造に始まったが、技術は旧来のまま、性質は堅いが脆《もろ》く壊れ易い。

文明開化のシンボル、黒船《くろふね》と陸蒸気《おかじょうき》、動力源の「蒸気機関」、キー・テクノロジーは鋳物である。

成分の炭素をある種の処理により少なくし、粘りを持たせた「可鍛鋳鉄《かたんちゅうてつ》」、これは安価でかつ複雑な形状の工業製品にも対応が出来るのだ。

「本場で鋳物の修業をしよう。日本の工業に不可欠な可鍛鋳鉄の技術を。」

明治三十八年（一九〇五）年十一月十六日、鮎川はアメリカに旅立った。

戦後、日本の機械、電気工業が世界に飛躍できた最大の要因は、米国の技術と生産方式を学んだことにある。鮎川の鋳物修業はその源流のひとつ。

日露戦争の頃の日本は、北海道開拓使の農業経営は米国を範としたものの、海軍も陸軍も師匠はイギリスとドイツ。鉄道、造船、製鉄などの工業から医学、哲学に至るまで先生は英と独だった。

アメリカ工業の先進性に注目し、選択したのは、技術の潮流を観る鮎川の烱眼《けいがん》、センスが非凡だったことを物語っている。

アメリカで鮎川の選んだ修行の場所は、ＭＩＴのような工科大学でも有名企業の研究所でもなく、ニューヨーク州バッファロー市郊外・デピューの町、汽車の連結器を作る鋳物工場、「グールド・カプラー社」の現場だった。


鮎川が鋳物を学んだバッファロー市はナイアガラ瀑布で有名な観光都市として知られるが、二十世紀の新しいエネルギーとなった電力、水力発電所のある工業の町でもあった。

鋳物工場の労働者はポーランドなどの東欧系の移民が多く、日本は、世界の大国、自分たちの祖国を幾度も侵略したロシア帝国を破った国、日本人鮎川は働く仲間内で尊敬を受けていた。

週給五ドルの見習い工とはいえ、寄宿先の親方・オローク家では、家族同様のもてなしを受けた。

鮎川はジーンズのシャツとズボンの作業服で弁当を下げ、リンゴ畑を横切り鋳物工場に通った。

鮎川の大好物は「青いトマトのピクルス」。

オローク夫人は鮎川の帰国に際し、そのレシピをノートに書いてくれた。

昭和四十二年、鮎川は八十八才、東京・駿河台、杏雲病院に入院。

妻にレシピを示し、青いトマトのピクルスを所望した。米国大農場のスケール・単位は「樽」と「ガロン」、妻は娘達に翻訳とリットルとグラム換算を依頼した。

「とてもオイシイ、上手に出来たよ」、鮎川は満足し、永遠の眠りについた。

鮎川は人種差別も排日思想もなく、寛容で親切、勤勉で向上心に富む工業の町・デピューで青春の一時期を過ごした。

親米派の経営者、鮎川の原風景がこの町で刷り込《すこ》まれていた。


米国での鮎川と自動車との出逢いはどうであったのか。

工場主はホワイトというガソリン車を持っていた。休日、鮎川はグールド家の人達とドライブを楽しみ、自動車の運転も習った。デピューではたった一台の自動車。

村の人達は「あそこのうちも、あんなものを乗り回しているようでは今に潰れるよ」と噂し合った。

自動車はそんな高価な一部の金持ちの贅沢品の時代だった。

鋳物修行を終え、帰国。鋳物工業への出資者も決まり、設備の買い付けに鮎川が再度渡米したのは一九〇八年、二年後のことだった。

「こいつは自動車のほうがよかったかも知れない。しかしここで初心をひるがえしては出資者の信義を裏切ることになる。途中から横道にそれるわけにはいかない。」

エリー湖の対岸、デトロイトの町から何か地響きのような、新しい工業の勃興を告げる地下のマグマの活動が伝わってきたのだ。

この年一九〇八年、デトロイトには自動車史に残る三つの大きな出来事が生まれていた。デュランドがビュイックを母体会社にキャデラック、オールズモビル、オークランド（後のポンティアック）を買収。ゼネラルモーターース（ＧＭ）を設立。

彼は自動車市場に無限の可能性を見出し、多種の自動車を生産する大企業の将来性を信じていた。たとえある年に、あるモデルが売れなくとも他の車種が会社の収益を支えてくれる。

単一車種のみの生産では、常に倒産の危機と危険を背負うからである。

一九〇三年にフォードモーターを設立。A型・B型・C型…と改良を重ねていたフォードは、
一九〇八年、T型、後に「フリヴァー」、「ティンリズ」の愛称で呼ばれる車を完成した。

これまでの自動車は金持ち階級の贅沢品だったが、フォードT型は操作が簡単で誰にでも運転ができ、維持費も安く、修理が容易、二〇馬力、四気筒、価格は八五〇ドル。

「アメリカの大衆のための車」だった。

翌、一九〇九年、フォードはT型以外の生産を中止し、全ての生産をT型に集中したのだった。

一九〇八年、キャデラック社の社長、ヘンリー・リーランドはキャデラック三台を英国

に送った。

三台は王立自動車クラブの試走場で解体され、部品は任意に選択、組み替えられ、再度三台の車に組み立てられた。三台は五〇〇マイルのテスト走行にも成功、アメリカ自動車工業の精度と水準の高さを証明、「トーマス・デューア卿杯《トロフィー》」が授与された。

一八〇〇年、スプリングフィールド銃の大量生産のためにホイットニーが「部品互換生産方式《インターチェンジャブル・マニファクチュアリング》」を創案した、この銃の部品点数は約五十点。それから一〇〇年が経過、この「部品図」「専用工作機」「型・治工具」「検査ゲージ」の四点セットよる生産方式は、柱時計、タイプライター、金銭登録機、ミシンへと適用が進み、一〇〇年後の一九〇八年、ついに一〇〇倍、部品点数が五〇〇〇点の自動車生産への適用に至った。

「アメリカ式大量生産システム」が完成、世界に認知されたのである。

この方式は、「フォードシステム」とも呼ばれるが、その本質はコンベアにあるのではなく、「精密《プレシジョン》」の二文字がついた大量生産、「精密機械工業」を実現したことにある。

四点セットの生産方式により、部品加工の精度が1／10㎜から1／100にひとケタ向上《アップ》、これにより接合《せつごう》する部品相互間の凹凸《おうとつ》を削《けず》り、現物を合《あ》わせる仕上《ファイナル》・修正《タッチアップ》の工程（熟練者の技能）が不要となり、流れ方式による大量生産、コンベアによる自動化を可能にしたのである。

移民の国アメリカの工業、その素朴な生産技術が産業革命を主導し、大勢の熟練者を揃えた英国に追いつき、追い抜いた瞬間だった。

トーマス・デューア卿杯の授与は、「二〇世紀はアメリカの世紀」の幕開けを告げる鐘となった。

五・二　異色の経営者の誕生

明治四十三（一九一〇）年六月、鮎川は親族、弟・政輔が婿入りした藤田家、妹・キヨとフジの嫁ぎ先、久原《くはら》家、貝島《かいじま》家、井上馨の周旋により三井家の出資を得て、資本金三十万円（米価換算、二六〇〇倍、七億八〇〇〇万円）、「戸畑鋳物」を設立した。

鮎川義介、三十才、ここに「異色」の経営者が誕生した。

まず、その異色ぶりに驚いたのは福岡県庁や戸畑町役場のお役人。

鮎川を訪ねて、お偉方が会社にやって来る。

入り口近くの机で何か図面のようなものを描いている作業着の若者に話しかける。

「鮎川社長はご在社ですかな」、若者は顔を上げ「鮎川は私ですが」

役人はあわてて、「いやいや、あなたではなく社長の鮎川さんの方に御用があるのですが」、

「私がその鮎川です、何か」……。

鮎川社長は帝大出、米国帰朝、井上侯の肝煎《きもい》り……。

三つ揃いの背広、金の懐中時計の経営者を想定していたお役人たちはあっけに取られた。前もっての約束がない来訪者には仕事が終わるまで三十分も一時間も待ってもらった。鮎川は平気だった、何しろ忙しかった、仕事で会社に泊まりこむこともしょっちゅうだった。

これまでの日本の鋳物は「渡り職人」が作っていた。あちこちの職場を巡り修行をつみ、腕を磨いてきた。苦労して手に入れた技能はかけがえのない大切な財産であり、それを捨てて鮎川のやり方に従うことには抵抗が大きかった。鮎川は熟練の鋳物工を使うことを止め、全くの素人、近くの農村の子弟を採用、社長自ら米国本場仕込みの鋳物作りを教えた。

鮎川は、朝八時、現場で挨拶を交わす作業者に「手を見せなさい」と、声をかけた。手を握り、撫《な》で、硬さと柔らかさで習熟度をチェック。

「うん、ずいぶんと硬くなったのう」と嬉しげに笑顔をみせる。

社長の手は、油と砂で磨《みが》きこまれた鋼《はがね》のような技術者《エンジニア》の手だったという。

戸畑鋳物の経営は創業三年、毎期赤字続きだった。本場、米国仕込みの可鍛鋳鉄、といっても本邦では初物。ひょうたん印のブランドはまだ日本の産業界では誰からも認知されていなかった。欧米で可鍛鋳鉄、第一のお得意先は鉄道。しかし日本では鉄道建設以来、車輪からレールまで米英からの輸入品が市場を独占、鮎川が売り込みに行っても、相手にしてはもらえなかった。

鮎川が戸畑の主力製品にと考えていた鉄管継手《つぎて》も事情は同じだった。東京・大阪のガス会社、水道局も舶来信仰は強烈。鮎川は両手に重い製品のサンプルをカバンにつめ東奔西走、汗だくで売り込みに走り回ったが結果はいつも失敗、失意と挫折の連続だった。

出資者の一人、貝島太助氏が義侠心《ぎきょうしん》、一肌脱いでくれた。貝島炭鉱、炭車《トロッコ》の車輪、捲上機《まきあげき》のバケット、チェーンに試験採用、結果は上々だった。可鍛鋳鉄製は値が多少張るものの、銑鉄に比べ耐久性は二十倍以上。貝島での実績により筑豊炭鉱一帯に戸畑鋳物、ひょうたん印のブランドが広まっていった。

鮎川にフォローの風も吹き始めた。

大正四年、第一次世界大戦が始まり、欧米からの工業製品の輸入が途絶《とぜつ》、需要は一気に膨《ふく》らんだ。

「大戦景気」である。

船会社・鉄会社を筆頭に「成金《なりきん》」が続出し、連日連夜、料亭の大宴会、豪華な別荘を競《きそ》い、パリに出かけ印象派の名画を買い漁《あさ》った。

ここでも鮎川は「異色」だった。

料亭、別荘には一切関心を示さず、生涯無縁だった。

結婚をし、通勤には背広、山高帽子にカバン姿に変わったものの、住まいの若松から渡り船を利用し戸畑に通っていた。世の経営者の如く好景気に浮かれ、投機、思惑に走ることもなく、相変わらず作業着で現場に立ち、鮎川唯一の趣味、仕事一筋の毎日だった。

大正六年には、創業三年余の累損を一掃した。

七年の需要はピークに達し、大正八年の下期、一八九％の配当を行い、赤字の間も支援を続けてくれた株主に報いた。これは鮎川唯一の大盤振る舞いといえるものだった。

大戦が終結、途絶していた輸入が再開されると、多くの分野では欧米製品が市場に復活していた。

少数なら良い品が作れても、需要が増えると国産品は品質が安定せず、粗悪品が多くなり評判を落とした。量産技術が未熟の故だった。

戸畑鋳物のひょうたん印は欧米製品に遜色《そんしょく》はなく、使用者の期待を裏切らなかった。

鉄管継手は市場から欧米製品を駆逐《くちく》、戸畑鋳物のドル箱、主力製品に育っていった。

鮎川は大正十一年、大阪木津川《きつがわ》に継手専門の工場を建設、これまでの四倍、生産能力を年四百万屯に引きあげた。

この工場は日本随一の機械化された流れ作業の工場として有名になった。

専売公社のゴールデンバット工場、森永キャラメル工場、野田の醤油工場、戸畑の継手工場。

四つの工場は日本の近代工場の範として、経済的に貧しく上級学校に進学ができなかった職人達や、中小企業の経営者が見学に訪れ、機械の配置、管理の仕組みを熱心に学んでいった。

中には自動化ラインを写真に撮り、自分の会社の宣伝に流用するという強心臓の人間もいた。

大正十年、不況により経営が行き詰っていた「帝国鋳物」を買収、大型・高級製品であるロール鋳物を加え、欧米製品に負けない堂々たる鋳物会社に成長していた。

鮎川はまだ四十二才、田舎の鋳物会社の社長として生涯を終わるには若すぎた。異色振りを発揮するのはこれからである。

大正十三年「鋳物研究所」を開設。その成果により、これまでの反射炉を「電気炉」に切り換え、更に「電気焼鈍《しょうどん》炉」を採用、焼鈍時間を十日から三十時間への短縮に成功した。

これは欧米に先駆けた技術、工業先進国をしのぐ生産性を達成した。この研究・開発の中心人物、菊田多利男博士は昭和十五年「鋳物の研究」により学士院賞を受賞、世界的偉業と評価された。

デミング賞、大河内記念賞などの権威ある顕彰制度が充実している現在と比べ、戦前、工学関係の研究が評価される機会は稀であった。その唯一ともいえる学士院賞にしても医学、科学分野がほとんど、工学系統は平賀譲の「高速度艦船の研究」など、軍事科学が主流だった中での受賞なのである。

鮎川は大正十四年から宿願だった鉄管継手の輸出に取り組み、昭和二年、可鍛鋳鉄の本場・米英への輸出にも成功した。これは、日本の工業製品としては最初の例、本邦初の快挙として報道された。

輸出用の荷造りは木樽、この蓋《ふた》に送り先の文字が刷り込まれた。新市場が開拓されるたびに、この蓋が発送場の壁に揚げられた。従業員はその数が増えるのを見て喜び合った。

輸出について鮎川の指示は、法三章の具体論だった。

一、相手国市場の二〇％を限度とする。

二、海外からの注文は、小さな数量《ロット》でも断ってはならない。

三、赤字は累積一〇〇万円まで認める（米価換算、二十二億円）
経営の核心を直感・端的な言葉で指示する、
日本工業の黎明期、指揮官、鮎川の非凡さと経営姿勢がにじみ出ている。

これまで鋳物一筋だった鮎川が異業種に手を広げたのは大正十一年、「共立企業」を設立し、後に「鮎川のボロ買い」と世間から冷笑された異色の活動を開始した。

手持ちの余裕資金に貝島の出資を合わせ資本金五百万円、大戦後の不況で経営が不振、しかし将来性がありそうな会社、土壌を変え肥料を施すことによって、生き生きとした花木に再生が出来そうな枯木の山を物色したのである。

動機は人事、日本の社会では若い優秀な人がいても上を飛び越えての抜擢は難しい。異業種の別会社を設立し上の人間を送り込めば、この解決の妙案が生まれるのではないか、と鮎川は考えた。

五年間、営業担当の山本惣治と二人、四、五〇の会社を調べたが、獲物《えもの》は二社だけだった。

「企業の栄枯隆替は運を別として、中心人物次第だが、企業の命取りは中心人物の麻痺《まひ》症が病根だ」これはと思う樹木も、幹は空洞、根は腐っていたからである。

手持ち資金もすぐに底をついた。大きな仕事をしようとすれば、個人資産によるのでは限界があり、銀行もまだ無名の経営者、鮎川には貸してくれない。「資金調達法の創案」、これは難問だった。

二社は電話機の「東亜電機」と玉鋼《たまはがね》で有名な「安来《やすき》製鋼所」、結果として自動車電装品と特殊鋼、後の自動車工業進出のための重要な布石となっていた。

戸畑の技術力を評価したのはゼネラル・モーターズ（GM）。

当時、フォードを抜いて世界一の自動車会社になっていた。

大正十四年関東大震災、交通機関は鉄道も市電も壊滅、東京市は緊急に納期が早く価格の安いフォードのトラックシャシーを一〇〇〇台発注した。円太郎バスの登場である。

日本市場は有望、フォード社は大正十四年横浜に、GMは昭和三年大阪に、現地組立工《ノックダウン》場を建設。

日本は年産四〇〇台、米国は四〇〇万台の一万倍、日米の自動車生産には天と地の格差があった。

都市の道路は瞬く間にアメリカ車に占拠された。

フォードは専用部品を本国から持ち込んだが、ＧＭは自社製にこだわらなかった。

鮎川はＧＭの部品納入に挑戦、これは容易なことではなかった。

試供品《サンプル》を本国へ送り厳しいテストを受ける。

不合格を何度も繰り返し、倉庫が返品で山積みになったこともあった。

可鍛鋳鉄《マリアブル》の製品は足回り《シャシー》の重要保安部品を構成する、検査を厳重にした。

不合格品を手直しして納品することは絶対認めず廃部品に必ずハンマーで壊すことを徹底させた。

しかし、一度採用が決まると、たとえ世の中が不況になっても発注数量が減ることも、価格の引き下げを要求されることもなかった。世界恐慌が襲来、高級・中級車の需要は減少したが、大衆車シボレーは逆に伸びていたからである。

昭和に年号が変わっても、金融恐慌・昭和恐慌と暗い世相が続いた。

不況で会社が倒産、失業者が巷《ちまた》にあふれていた。

鋳物修行時代、鮎川が見たものはアメリカの豊かさだった。

子供たちは皆靴をはき、女たちは帽子をかぶり、どんな田舎にも電話とミシンがあった、
その豊かさを生み出しているのはアメリカの自動車工業だった。

しかし自動車工業は巨大な設備投資を必要とし、販売まで考えると膨大な資金を要する。

個人の資産や利子のついた借金では成り立たない大事業であった。

五・三　久原鉱業の経営危機

史上空前の第一次大戦景気が一転、日本の産業社会は暗く長い不況のトンネルに入った。大戦の反動不況、震災不況、そして昭和の金融恐慌。その底流に堆積し、財界の癌《がん》となっていたのが、大戦バブルの後遺症、巨額な不良債権。

投機と思惑の失敗、融資が焦げ付き銀行の経営が悪化した。銀行と融資先は親と子、兄弟の関係、利害が絡《から》み清算は進まず、整理は先送り、債務は累積し巨大化していた。

「〇〇銀行が危ない」、金融不安の風説が世上に流れていた。

累積債務者の横綱と大関が、神戸の「鈴木商店」と東京の「久原《くはら》鉱業」。共に大戦時には三井、三菱、住友に迫る勢いで規模を拡大、傘下《さんか》に多数の事業会社を抱え「大正財閥」とも呼ばれていた。

大正が昭和に替わる前日、鮎川に久原鉱業の問題がのしかかってきた。

陸軍大将、政友会総裁の田中義一が、妹・キヨの夫、久原房之助経営の久原鉱業が「通知を出したのに銀行がどうも相手にしてくれず、配当の金・一五〇万円が出来ない。久原は胃潰瘍で吐血《とけつ》、おぬしひとはだ脱いでくれ」と駆け込んできたのだ。

断るつもりで姉・スミの夫、三菱本社・総理事の木村久寿弥太《くずやた》に相談すると、「そうなれば銀行の取り付けと同じ、金融不安に怯《おび》えている世間は大騒ぎ、日本の経済界は大混乱する。ここは食い止めるべき、お前ならきっとやり通す」

一族の期待と支援が鮎川に集まった。

弟・政輔《まさすけ》が婿入りしている藤田家の文子未亡人が即決、一五〇万円の担保物権を提供してくれた。

しかし危機が去ったわけではなかった。バランスシートには、資本金を超える二五〇〇万円の穴があき、久原は倒産寸前だった（米価換算、一五〇〇倍、三七五億円）。妹・フジの夫、久原鉱業、監査役の貝島太市は別荘、土地、有価証券を簿価、一四〇〇万円、
久原鉱業役員の資産供出も加え、なんとか当面の穴を埋めることができた。

時に昭和二年の金融恐慌、台湾銀行、鈴木商店など多くの会社が倒産、久原は寸前に難

を逃れた。

久原危機の要因は二つ

本業の鉱業、銅価の急落がその一つ。

南米銅山の開発、米国の安価な銅の攻勢に日本の銅は競争力を失い、輸出がストップの状態だった。

住友、古河は電線という付加価値の高い二次加工部門を持ち、損失を最小限に食い止め得たが、採掘と精錬だけの久原は、銅価の急落が経営を直撃した。

今ひとつは久原商事の海外取引の失敗、雑貨の思惑による損失は一億円を超えていた。

久原は鉱山会社、海外取引を監視・統制する組織も人材も欠落していた。

しかし、それ以上の病根を鮎川は常々憂《うれ》えていた。空前の大戦景気に踊る久原、それは小坂鉱山・日立鉱山の開発に取り組んでいた若い頃の久原とは別人のようだった。

六甲山麓、五万坪の別荘、山頂から直径二尺のパイプを引きこみ、六甲の涼風を座敷に入れ客に自慢した。落成式には大阪・神戸の芸者を総揚げにしての大宴会。

一事が万事、このスケール、何かと桁外《けたはず》れの浪費と奇行が世上の噂となり流布していた。共立企業の調査活動、五年間の結論「企業の命取りは中心人物の良心の麻痺症が病根」。その典型が久原房之助、その人だった。

倒産の危機を回避、とはいえ半死の病人、久原鉱業にかつての面影はなく、死灰《しはい》の如く今まさに崩れんとしていた。

久原の残る道は、

・手を広げた事業を整理し、本業の鉱山会社に戻るのか

・現状を維持、事業を再編するか

鮎川は二者択一の岐路に立っていた。

どの道を行くにせよ、まず先立つものは当座の資金。

しかし、久原のこれまでの奇行と悪行の数々、銀行はどこも鮎川に手を貸そうとはしなかった。

どこの銀行も巨額の不良債権を抱え四苦八苦、久原の面倒を見る余裕はなかったからで

もある。


東京・丸の内の久原鉱業の本社。

苦渋《くじゅう》・苦悩《くのう》の鮎川はある日、久原鉱業の株主名簿を手にしていた。

「これは久原の残してくれた遺産・天然資源ではないのか」

鮎川は高杉晋作の故事を想い起こした。

高杉は因習に縛られ、保身に明け暮れする武士階級を見限り、百姓・町人・神主・力士など、庶民の中から草莽《そうもう》の士を募り、「奇兵隊」を結成、これが倒幕、維新回天の原動力となった。


久原は問題だらけの会社、しかし株主名簿、ここに一万五〇〇〇人の株主がいる。

過半は五〇〇株以下の大衆株主。

ひとり一人は大金持ちではなくとも、会社の支援者、この人達に協力者になってもらえれば巨大なパワーとなり、久原を再建し、新しく大きな事業を起こすこともできよう。

「銀行には頼らず、大衆株主の資本を募り、事業を行なうのじゃ」

これは高杉晋作の奇兵隊結成と同じ発想、鮎川は前途に道の開け行く思いになっていた。

昭和三年の株主総会、鮎川は久原再建の骨子《こっし》を諮《はか》り社長に就任した。
・久原鉱業を「持株会社」とする。
・持株会社の株式を「公開」する。
・社名を「日本産業」に改める。
傘下《さんか》の事業会社を監理・統制する持株会社に改編した。

久原の資産、七割は鉱業であり、昔も今も、事業再建の王道は本業回帰、幹を残し枝葉を刈り落とすことに始まるが、ここでも鮎川の選択は「異色」、枝葉の整理をしなかった。

持株会社は三井、三菱、住友、安田のように一家・一族に限られたファミリーの専有物。株式公開の例がなかった。持株会社の株式を公開し証券市場からの資本調達、これは鮎川の新発明だった。

鮎川は経営する会社に私人名を付けることをしなかった。

しかし、久原鉱業を「日立鉱業（旧地名は助川）」に代えただけでは、久原のイメージを払拭するには印象が弱い。

会社は日本全国の大衆株主のもの、日本の産業・公益に資するために事業を行なう。

「日本産業」

鮎川は新会社名により事業主と目的を明確に打ち出したのである。

証券市場の関係者は、日本産業を略し「日産（ニッサン）」と呼んだ。

久原の再建構想を世に打ち出したものの、春は来なかった。耐えるだけの日々が続いた。

そんな鮎川に付いた呼び名が「天一坊《てんいちぼう》」。

徳川八代将軍吉宗のご落胤《らくいん》と称して詐欺をはたらき死罪・獄門《ごくもん》となった修験者の名である。

無理もない、鮎川が大きく出た割には、日本産業の株価が昭和四年の六十三円五十銭から、額面を大きく割り込み十一円九十銭に下落していたからである。

時は「昭和の大恐慌」の真っ最中。株価は鐘紡、王子製紙、日本郵船、日本石油の有名会社でも前年の半値以下だった。

銀行は昭和元年の一四二〇行が、七年には五三八行と凄まじいまでに激減した。日本経済は危機的状況を示していた。日本の金保有高はピークの五分の一に、特に金解禁の二年間に七億円が海外に流出した。国庫の金は四億円、底をつく状況だった。

五・四「ダット乗用車完成」のニュースが

『明治の輸入車』の著者、佐々木烈《いさお》氏からお手紙をいただいた。地方紙に「佐渡の自動車史」を連載、資料集めに「新潟新聞」を調査中、ダットサンの記事があったので、とご送付いただいた。

「ダット乗用車完成・小型無免許」（昭和六年五月五日）

「ダット自動車では昨年来ひそかに国産乗用車の試作研究を進めていたが、いよいよこの程試作車数台を完成したので、これが販売をなす外、目下大量生産に着手している。この乗用車は無免許目的に作られた極く小型の四輪単座席で、馬力は四～五、価格は千円以下で売り出すはずである。国産乗用車の製作を計画しているものは二・三社に及んでいるが、ダットが見事先鞭《せんべん》をつけたわけで、市場へ発表されると共にかなりセンセーションを巻き起こすであろう」

佐々木氏は、新潟新聞は毎週、自動車界特集と映画界特集を交互に掲載しており、「自動車」と「映画」これが大正から昭和にかけて、日本における話題の双璧だったことがわかります。と書き添えてくれた。

昭和六年、世界恐慌下の日本、都市は倒産と失業者の群れ、しかし農村の暮らしは、もっと深刻で悲惨だった。

生糸は恐慌により米国輸出が激減、価格は半値以下に、養蚕《ようさん》農家には大打撃となった。

朝鮮、台湾からの流入により米価が大暴落、大阪・東京の穀物《こくもつ》取引所の立会いが停止となった。

そして北海道、東北地方の冷害。

生糸と米と冷害の三重苦により村々から子供達の声が消え、娘たちは花街《かがい》に売られていった。

農業県、新潟とて例外ではなかった。

自動車は手には届かない高嶺の花、遠い花火。

しかし「ダット乗用車完成」のニュースは人々の心を癒し、暗い夜空の一番星のように新潟の人々に生きる勇気と希望を与えていたのである。

ダット自動車では後藤敬義《のりよし》技師の手により五〇〇cc、小型車の設計が進み、前年の八月に試作車が完成していたが、話しはここでストップ。

試算では価格が千円、月十台の生産で採算が取れる見込みだったが、海外からの部品購入が予想外に多くなりコストアップ。新規の投資も必要となり、親会社《スポンサー》の久保田鉄工所は、これには躊躇《ちゅうちょ》。

鮎川のもとに山本惣治がこの話を持ち込んできた。

「いちどこれを見てみたい」

さっそく試作車のダット九一型が一万マイルの耐久試験を兼ねて大阪から東京に。

運転者は設計者の後藤敬義と甲斐島衛《かいじままもる》。丸の内・戸畑鋳物の本社前で実車を見た鮎川は

「これが売り物になるかいのう。」と考え込んでいた。

五〇〇ccまでの小型車は無免許、車庫不要だったが一人乗り、ドアは片側だけだった。

「うしろに酒樽《さかだる》が二つ積めれば、商用の用達にも使えるがのぅ。」

「国産三輪車（六〇〇円）と比較し、あまり高くないなら将来性があります。価格はおよそ一二〇〇円、英国のオースチンセブンが一六〇〇円、モーリスマイナー一九〇〇円がライバルになります。」

山本惣治の意見に鮎川は頷《うなず》いた。

「自動車工業の手習いにちょうど良いかもしれん。とにかく一〇〇台（年）製造してみよう。三輪車の値段でしか売れなかったところで一台六〇〇円の損失として、六万円だからやってみよう。」

「フォードソンの例もあり、名前はダットソンでよいだろう。」

鮎川はその場で即決、ダット自動車の株式を久保田鉄工所から譲《ゆず》り受けることになった。

鮎川の異色、「不況期の積極経営」は健在だった。

世界恐慌の真《ま》っ只中《ただなか》、戸畑鋳物の経営も苦しかった。

配当は一割から、昭和五年に六分、六年には四分に減配。

社員の給与は二割カット、昇給は二年間停止していたのである。

もし鮎川が並みの経営者だったならば、暗い夜空の一番星、ダットソンがこの世に生き残ることは難しかったに違いない。

大不況の中、自動車への思いはだんだん強くなっていた。

「どうにかして日本から貧乏をなくし、失業者のいない社会を作りたい、そのためには工業の発達が不可欠であり、工業をリードする自動車工業が必要である。」

今、アメリカは世界大恐慌、しかしデトロイト、自動車産業の生産は落ち込んではいない。

米国の鋳物修行時代から感じていた鮎川の強く鮮烈《せんれつ》な思いだった。

自動車は巨大な設備投資を必要とし、販売まで考えると膨大な資金を必要とする。

一歩一歩前に進むしか方法はない。

日本の自動車市場、道路を走る車のほとんどはシボレーとフォード。

そこに割り込むのは容易なことではない。

昭和六年五月五日の端午の節句、読者への素敵なプレゼント、新潟新聞の「ダット乗用車完成」の記事は暗い時代の夜明けを告げるニュースだった。同六年九月、「満州事変の勃発」。

戦争、人と物質が動き、物の値段が上がり生産が活発となる、「軍需景気」である。十二月、犬養毅《つよし》首相、高橋是清《これきよ》蔵相による金輸出の再禁止。

経済の基調が、デフレからインフレに変わり、活況を取り戻したのは証券市場だった。日本は金本位制から離脱、とはいえ通貨の基本が金にあることに古今東西変わりはない。国庫の金が底をつきかけていた。日本の対外信用が揺るぎかねない。

鮎川は「産金量は金の買い上げ値段に正比例する」と論文に書き、高橋蔵相に面会し論旨を説明、蔵相はその場で即決、買入れ価格は一匁五円が六円、七円と繰り上がった。

時節到来、鮎川は日本産業の鉱業部門を分離独立させ、保有していた「日本鉱業」株の半分を市場にプレミアムつきで売りだした。株式の時価発行である。

日本鉱業は産金・産銅で日本一、日鉱株は市場の花形となり国宝株と呼ばれた。

多額のプレミアムが日本産業に流入したのだ。日本産業の株価も十二円五〇銭から一五

○円に一気に上伸、鮎川は凱旋将軍の如く市場から迎えられた。

思わぬ大金を手にしても鮎川の使い方は異色だった。

仕事一筋の生活にはいささかも変化はなかった。

自動車に乗っていて鮎川唯一の寄り道は、途中、水道・ガス工事に出会うと運転手に停止を命じ車を降り、一人ツカツカと現場に足を運ぶ、そして作業者に話しかける。

「ここの工事はどこの（鉄管）継手を使ってるのか」と、戸畑鋳物のひょうたん印と聞くと鮎川の顔面は綻《ほころ》ぶ、そして尋ねる。

「使い勝手はどうか」「継手に漏《も》れはないか」と。どんなに忙しくとも社長自らがお客様の声を聞くこと、トップセールス・販売の第一線に立つことを忘れはしなかった。

組織表には会社の経営姿勢が端的に現れる。戸畑鋳物のそれは今に見ても異色かつ新鮮。

・営業課長

・宣傳課長

・監督課長
・会計課長
・研究課長

社員三六〇〇人、冶金研究所、戸畑工場、若松工場、継手工場、東京工場、東亜電機、安来製鋼、不二塗料、安治川鉄工の合計八工場、これが全社の組織図である。

鮎川は、販売（営業・宣傳）を会社経営の最前線に置いた。

鋳物会社とはいえ、製品は注文品よりも量産品が多い。

「量産は製造より販売が難しい、ここが会社の死命を制する。」

社長は、販売の最前線に立ち会社の指揮を執る。

戸畑鋳物、創業三年の販売の苦労が、鮎川の信念になっていた。

それ故、社長のトップセールスも鮎川にはごく当たり前の事だった。

当時、日本経営者連盟会長の男爵・卿誠之助が側近に語っている。

「あれは若い頃の織田信長のような人物じゃや、必ず頭角をあらわすだろう」

織田信長は中世と近世の分水嶺に立った男、近代社会はこの男から始まったといえるかも知れない。

旧慣と因習にとらわれない大胆な発想と果断な実行力で「天下布武」を成し遂げた。楽市楽座を城下町に開き、商業・流通を盛んにし鉄砲の重要性を誰よりも早く認識。比叡《ひえい》山を焼き討ちにし、中世的な宗教の権威を否定した男である。

青年期の信長は「大うつけ」「暴れ法師」と呼ばれていた。

昭和八年、鮎川義介五十四才、世間の見る目も天一坊から織田信長へと異例の出世を遂げていた。

鮎川義介も分水嶺に立っていた。

戸畑鋳物の幹部、村上政輔、山本惣治、久保田篤次郎、浅原源七を前にこう切り出した。

「一千万円という金が手に入った。天から授かったようなもので、無くしても惜しくはない。

そこで、かねての考え通り、田舎の鋳物屋から自動車部品工場に転向することにしたい。

いまが好機である、幸か不幸か三井・三菱の財閥が手を出そうとしないし、住友も傍観している。

われわれ野武士が世に出る道は、いま自動車をやることをおいて他にない。」

量産による自動車工業は、日本人には未踏、危険な地雷原、鮎川は慎重に二つのルートを設定した。

自動車部品は五〇〇〇点、ＧＭの日本製部品の調達率は四～五％、タイヤ、バッテリー、板ガラス。

鉄鋼関係で唯一、戸畑鋳物の可鍛鋳鉄のみが日本製、それ以外はボディーのプレス鋼板から歯車まで、デトロイトから船便で運ばれてくる。

第一のルートはＧＭと提携し、この領域の部品工業を確立、その上で五～七年後にはシボレークラスの量産に取り組むという構想だった。

欧州では小型車が売れている。米国資本に対抗して国産車の生き延びる道はここにある。

第二ルートは年に五〇〇〇台、流れ方式によるダットサンの大量生産に踏み切る計画だった。

五・五　ダットサン・ブランドを世に広めた人たち

昭和六年の満州事変は、日本自動車工業の歴史の転機となった。

南北戦争で戦争の主役に「鉄道」が登場し、第一次世界大戦では「自動車」が戦場の主役になった。

初戦圧勝のドイツ陸軍の作戦は鉄道による機動戦略、この劣勢を逆転させ英仏連合軍を勝利に導いたのは自動車部隊、ルノーの活躍だった。

兵力の機動は、鉄道から自動車へ、日本陸軍も満州でこれを実証した。

熱河省を短期間に制圧した関東軍の自動車部隊、主力はフォードとシボレーのトラックだった。

昭和七年、日本は国際連盟を脱退。

日本は孤立化の道を歩み、内地では「非常時」が叫《さけ》ばれた。

「いつ、次の戦争が、その戦場はどこか」

「それは明日に始まるかもしれない。そしてその戦場は必ずや大陸となる。」

広大な大陸での機動力を確立することが陸軍の最重要事となった。

機動力の如何は帝国陸軍、最高の軍事機密である。

その鍵をフォード・ＧＭの二大アメリカ資本が握っている。

この現実に陸軍の若手将校達はもう我慢できなくなっていた。

軍にとって自動車は兵器、兵器の国産化は至上命題。

「国産自動車工業の確立」が軍の強い意向になっていた。

日本市場を制圧していたフォード・ＧＭとの対決が避けられない様相になっていた。


当初、陸軍の意向に、自動車行政担当の商工省は躊躇《ちゅうちょ》していた。

「これは日米の外交問題になる、日米通商航海条約に違反する。」

日本フォード・日本ＧＭの活動に制限・制約を設けることは難しい。

鮎川の第一ルート、ＧＭとの連携による部品工業の確立は婚約（技術提携）も結婚（資本提携）も当事者双方の合意と母親（商工省）の同意を得たものの、頑固《がんこ》・頑迷《がんめい》な父親（陸

軍）は尊皇攘夷《そんのうじょうい》、
膚色の違う外国人との交際にはあくまでも反対。

交渉三年、鮎川はこのルートを断念した。

残されたルートはただ一つ、自力でダットサンの量産、新工場の建設に踏み切ることだった。

昭和八年、内務省令が改正になり、無免許・車庫不要の小型車の枠が七五〇ccに拡大された。

「これならダットサンの後席に酒樽が二つ積める。」

「日本の工場数は九万、九十八%は中小企業だ。小さな単位で頻繁な運送をしている。トラックを作れば相当に売れるはずだ。」

「フォードは高級車から大衆車まで品揃えのGMに敗れた。お客の好みを揃えてゆく、ダットサンにセダン、フェートン、ロードスター、トラックとなれば販路も広がるだろう。」

「日本は道路が狭い、道を直してかかるのは容易ではない。小型車の方が便利だ。日本は石油が出ないからガソリン消費の少ない車を使うべきだ。」

「五年間の損は覚悟しよう。ゆっくりでも上昇カーブにのることじゃ。」

鋳物は九州の戸畑、ダット自動車は大阪、ダットサンは横浜市が造成中の子安の臨港工業地に。

信長が名古屋の清洲から岐阜、そして安土と京の近くに本拠を順次移したように、鮎川も帝都の近くに工場立地を選んだ。

地鎮祭は昭和八年師走、極寒の候。

折からの夕陽をいっぱいに浴びて富獄はその雄大・秀麗な全景をくっきりと現していた。

「こりゃいい土地だ。こりゃ幸先がよいぞ。」

鮎川は外套《がいとう》も着ず寒さの中、瑞祥《ずいしょう》を見つめ続けていた。

しかし世評は冷たかった。

「横浜・子安の四万坪。かかる大量生産は我が国では成り立たない。一両年後にはペンペン草で埋もれるだろう。」

当時の財界の様子を、工場建設の責任者・山本惣治（常務）は語る。

「私が国産自動車の育成に精進しているのだと聞くと、にわかに興味を持って、いろいろと質問を持ち出した。それまでは良かったのだが、宴席に移り酒が廻ると、『どうですかね、国産自動車はものになりますか。とても外国車と肩を並べる所迄いかないと言うじゃありませんか』決まってそんな傾向の話があり、説明する努力はなかなか大変だった。」

鮎川と山本に粋なお姉さんの助っ人が現れた。日本一の花街《かがい》、木挽町の新橋芸者・小君《こきみ》。小柄で読書家、粋でモダンなちょっと変わった子だった。

ユーモアを交えた軽妙なスピーチが得意、無免許でも乗れたダットサンをお座敷通いに使っていた。

鮎川や山本はユーザーを招待した宴席では自ら挨拶せず、こきみに代行させた。身振り手振りにユーモアを交えた名調子で、ヤンヤの喝采だったという。

ダットサンは小柄で働き者、粋でモダンな人気者の代名詞になった。

この時代の流行語は現在の東京・銀座、ニッサン本社のある、新橋演舞場を中心に広がる新橋の花街で生まれ、ダットサンの評判は宴席の口《くち》コミにより全国に発信されていった。「ダットサン芸者」こきみはダットサンブランドを世に認知させた第一の功労者だった。

東大法学部我妻《わがつま》栄。「我妻民法」と呼ばれ、学界第一の人気教授は大学にダットサンで通っていた。テキストの民法講義は小型、学生たちは「ダットサン民法」と愛称をつけた。教授の教え子は法曹界《ほうそうかい》をはじめ、日本のトップエリートの卵たち。彼らは、師に倣《なら》い、ダットサンに憧れ、クルマのある生活を世に広めていった。我妻教授はダットサン、第二の功労者になるのかもしれない。

当時、日本社会のオピニオンリーダーは「三者」と呼ばれる、芸者・学者・医者であった。

「あのお医者　はやるとみえて　ダットサン」

ダットサン史上最高の名コピー。初めてダットサンのオーナーとなったのはお医者さんたちだった。

往診に急患のもとにダットサンに乗って駆けつけるお医者さん。その信頼と社会的信用がダットサンブランドの信頼と信用に転移・重複していったのである。

「これをダットサンで宅の方へ」

東京・山の手の奥様方は、買い物の山を百貨店《デパート》の店員に指示した。

「今日は帝劇、明日は三越」の時代だった、

三越が三台買うと、負けじと松屋は五台、鮎川の妻、実家の高島屋は一挙に十一台と数を競った。

デパートの配達に活躍するダットサンは女性たちの憧れ、奥様方の近所自慢になった。山の手の奥様方のごひいきによりダットサンのブランドは、全国の女性たちに広がっていった。

テレビもなく、電通・博報堂も現在のそれではない時代。

「マスプロを支えるものはマスセールス」

ダットサンの市場を開拓する、外車の販売で経験を積んだ強者《つわもの》たちが鮎川のもとに集まってきた。

「梁瀬《ヤナセ》」から二人の侍大将・梅村四郎（大阪・豊国自動車）と吉崎良造（東京・ダットサン商会）。

「日本自動車」から名将・石澤愛三（ダットサントラック販売）と主人を慕って九十七名の部下達も。

「三井物産」からは二人の幕僚《ばくりょう》、海外事情に詳しい三保幹太郎と内田慶三が馳せ参じた。販売部隊は梁山泊《りょうざんぱく》、無名の豪傑達が、雑草のようなパワーで原野を切り拓いていったのだ。


昭和六年・一〇台、昭和七年・一五〇台、昭和八年・二〇二台、昭和九年・一七一〇台、昭和十年・三八〇〇台（この年の四月には横浜工場のラインも動き出した）、昭和十一年・六一六三台、昭和十二年・一〇二二七台。

「旗は日の丸、車はダットサン」

ダットサンは躍進する日本工業のシンボル的人気者になっていた。

五・六　自動車製造事業法の成立

「三井は三〇〇年、住友一五〇年、三菱一〇〇年、鮎川は一〇年」

久原鉱業から受け継いだ日本鉱業、日立製作所、新たに進出した自動車工業の日産自動車、化学分野では日産化学、日本油脂、水産業の日本水産を加え子会社十八社、孫会社一三〇社。

鮎川の統率する日本産業傘下の企業集団は「日産コンツェルン」と呼ばれ、振込資本、四・七億円。従業員、十五万人。三井、三菱に次ぐ規模になっていた。

日産コンツェルンはグループに銀行と商社の機能を持たなかった。

鮎川は銀行は大衆の資金を集め、これを私的に関係する事業に投資するのではなく、公的に使わなければならないもの、自分の関係する事業の資金や経営の救済に使ってはならないと認識していた。

「自分は事業家であり、銀行家ではない。」というのが鮎川の経営姿勢だった。

また、日本興業銀行を主たる窓口にし、特定の銀行をメインバンクに持たなかった。芝浦製作所・王子製紙などが融資を返済できず、ついには経営権まで銀行に取られてしまった事例を身近に知っていたからである。

鮎川は繊維、紡績、鉄道など、産業人の多くが進出した花形分野には手を広げなかった。鮎川が自動車の次に戦略的に重要と視野に入れていたのは「電波工業」である。

「現代の文明の花形は自動車工業だが、その次に来るべきものは〝電波工業〟である。テレビジョンはその中心に立つに相違ない」

技術者《エンジニア》、鮎川の洞察力、直観である。

当時、テレビジョンの研究で世界の先陣を切っていたのはアメリカのRCAと英国のEMI。

子会社の日本ヴィクターと日本蓄音器《コロンビア》、二社の株式の過半を買収。日産コンツェルンに取り込んだ。

テレビジョンの開発・研究には巨額の資本と莫大な設備が必要となる。

日本には技術も人材・資本も今はない。

日本に研究・開発の体制が整うまで、子会社経由のルートでテレビ研究の情報を取り入れる。

しかし、昭和十二年、日本産業の満州進出が決まると、軍部は「ヴィクター・コロンビアのような娯楽産業は満州には不要、換金して満州に投資せよ」鮎川の夢は砕かれた。

もし、満州への移転がなく、戦争もなければ、経営が軌道に乗り、世間の人気も高かった日産自動車の株式を売りに出し、その資金でテレビ事業へ本格進出したに違いない。

鮎川は技術者、そして技術の未来、その主潮流《メインストリーム》が読める男だった。

昭和十年四月、横浜工場の生産ラインが稼動した頃鮎川とダットサンを取り巻く環境は大きく変わろうとしていた。

商工省に、国の重要産業には自由な経済活動を制限し、国が保護・計画的に育成を図るべき、統制経済を志向する岸信介を代表とする「革新《かくしん》官僚」が登場する。

商工省の懸案は三つの分野、「自動車、硫安、アルミニウム」の国産化の達成だった。

中でも自動車は、貿易収支の改善上からも最大の課題だった。
軍の自動車国産化と商工省の基本路線が一致、軍部と革新官僚が手を握った。

事態は急を要していた。

日本フォードが新たに十三万坪、横浜に製造工場建設を発表、これまでの部品輸入、日本での現地組立方式から、全ての部品を日本で生産する大規模、本格的なもの。
フォード方式により大量生産した部品を、日本の自動車各社に供給することも構想に入っていた。

もしそうなれば、日本の自動車市場も、自動車製造会社も、自動車部品メーカーも、自動車産業の全ては、フォードの強い支配力、影響下に組み込まれることになる。
フォード車は故障が少なく、価格が安く人気が高かったから、これは時間の問題に思われた。

昭和十（一九三五）年八月「自動車工業法要綱」が閣議決定された。

骨子は、自動車の組み立ては国の許可事業とし、日本フォード、ＧＭの事業は、現存の範囲内において既得権を認めるが、新設又は拡張については認めない。

過去三年間の実績平均値、フォード一万二三六〇台、ＧＭ九七四〇台に封じ込めるものだった。

翌十一年五月、「自動車製造事業法」が公布。

産業の国家統制、そのはしりとなった法律である

その第一条は「本法ハ国防整備及産業ノ発達ヲ期スル為、帝国ニ於ケル自動車製造事業確立ヲ図ルコトヲ目的トス」

国防（ナショナル・ディフェンス）の二文字が日本法制史上初めて立法の主目的に書き込まれた。

「自動車の国産化は断固実現する。日米の戦争も辞せず。」

強い国家意思の表明だった。

米国政府は、相互互恵《ごけい》を約した「日米通商航海条約違反」と抗議の意思を伝えたが、日本フォード・ＧＭは既得権の範囲内での活動が認められていたため、深入りを避け、

静観する。

同年十二月、自動車の輸入関税率が改定になり、完成車は五〇％から七〇％に、エンジンは三十五％から六〇％に、自動車部品の関税が大幅に引き上げられた。

昭和十二年七月の日華事変、外国為替管理法が改正になり、外国への送金が制限された。為替相場が急落、輸入部品価格の急騰により、日本フォード、GMは経営に大打撃を受けた。

昭和十四年、両社は日本での活動を停止、米人社員は本国へ引き上げ、日本人は解雇された。

フォードとGM、アメリカ市民が誇りとする名家・名門の嫡男と次男が放逐《ほうちく》されたのである。

同年七月二十六日、米国は日本政府に「日米通商航海条約の破棄《はき》」を通告。

翌十五（一九四〇）年一月二十六日、「日米通商航海条約が失効《しっこう》」。連戦連勝の無敵の皇軍、日本国民は大陸での戦果に酔いしれていた。

『昭和天皇独白録』には、「日米通商航海条約の失効」と「ミッドウェイの敗北」の記述が登場してこない、その後の国の運命の分岐点《ぶんきてん》であり、実に不思議である。

関係者は、下を向き口を閉《と》ざし、お上には一切報告をしなかったのかもしれない。

クズ鉄、工作機械、航空機ガソリン、「対日禁輸」の対象品目は、日本の中国大陸への侵攻と共に広がり、ついに昭和十六年、日本軍の仏印進駐と共に「石油の全面禁輸」となった。

昭和十六年十二月、真珠湾に始まった太平洋戦争、その遠因は米国の日系移民の排斥問題に由来し、原因は日本軍による中国大陸への侵略にある、といわれている。

しかし、舞台を日本、視点を経済に移してみると、そこには、日本市場における総合産業の雄・自動車の覇権《はけん》争奪の帰結、という様相も色濃く浮かび上がってくる。

古来、「戦争は経済に始まり、経済力に終わる」といわれている。

歴史の鉄則が今また証明されようとしていた。

陸軍が米国資本と共に、日本市場からの排除を狙っていたものが、いま一つあった。

それは「ダットサン」である。

自動車製造事業法の施行令第一条

「原動機ノ気筒容積ハ七五〇立方糎ヲ超ユル自動車」と七二二ccのダットサンは対象外とした。

戦場で役に立たない小型車は邪魔物、国が非常時の今、大衆車ダットサンは認めない。資本、資源の全ては、聖戦遂行、軍用トラックの製造に集約せよ、との強い国家意思だった。

昭和十二年の日華事変、戦線は中国全土に広がり、ガソリンはもとより生活物資まで統制になった。

乗用車は軍用に限り許可され、トラックも民間への販売が制限された。

小型車ダットサンは生産中止に、最小限のダットサントラックのみが細々と生産を続けていた。

五・七　満州重工業の挫折

昭和十二年十二月から五年間、五十八歳から六十三歳、鮎川は満州重工業開発総裁。

人生で最もスポットライトを浴びた時期だった。

日本と満州に直系企業だけで二十社、全体で三十五万人が働く大企業集団、それは三井、三菱を超える史上空前の規模だった。

戦後、国民から〃忌《い》まわしい過去〃として忘れ去られた「満州」。

しかし当時、狭い国土にひしめき合い暮らす国民にとって、満州は希望の大地であり、満州は日本の生命線というスローガンを疑う人はいなかった。

満州は鮎川にとっていったい何だったのだろうか。

グラハム・ページ社からの機械・設備が届き、小型車「ダットサン」に加え、中型車「ニッサン」の生産が始まっていた日産自動車、鮎川のもとに関東軍の参謀が訪れていた。

「これと同じものを満州に作ってもらいたい。」

「それは無理じゃや、満州には部品工業がないからのう。」

すると、満鉄・調査部から東辺道の資源調査報告が届けられた。鉄鉱石、石灰などの地下資源はきわめて豊富に在るという。

「一度、実地を見聞してほしい」とも。

満州建国から五年が経過、しかしこれまでの満州の産業開発は失敗の連続だった。財閥の立ち入りを禁じ、軍人主導による経営、加えて産業開発は南満州鉄道（満鉄）の付帯事業、交通事業の片手間では非能率のものとなっていた。満鉄傘下の企業集団は「一業一社主義」が採用され、それぞれの会社は同格、相互の連携がうまくいっていないのである。

陸軍はあせっていた。仮想敵国・ソ連は革命後、「経済五カ年計画（ゴスプラン）」で大躍進、着々と重工業化計画を進めていた。

ソ連に対抗し、満州でも「産業開発五ヵ年計画」が作成された。

五年間の最終目標は、年産、自動車五万台、飛行機一万台の製作。

しかし、これまでの延長線上では、この実現は不可能、内地から練達の経営者を招き、その手腕に期待する以外に方法がなかったのだ。

「あんな広い土地を、鉄道や自動車で廻ってもわかるものではない。」

鮎川は一ヶ月をかけ、空から飛行機で満州全域を視察した。

「北米大陸と地勢、気候、資源なども非常によく似ている。

これを開発すれば、アメリカ以上のものになり得る。

満州の開発は日本とアジアの貧乏を一変させるだろう。」

鮎川は与えられた宿題が難しければ難しいほど、思考が冴《さ》えアイデアがこんこんと湧いてくる。

久原鉱業の再建、自動車工業の建設もそうだったが、逃げたり、難問を避けて通らない。

むしろ、「大歓迎、いらっしゃい」というのが鮎川生涯の姿勢だった。夢中になり、のめり込むのである。

満州産業開発五カ年計画の達成、これを解く鍵は「資源と資本と技術」にある。

日本の工業にとって最大隘路《あいろ》は資源だった。

外国から資源を輸入していたのではコストが高くなり、製品の競争力があがらない。

資源のネックがないとすれば、外国とも十分対抗してやっていけよう。

資本というネックも、豊かな資源を担保にすれば、外資の調達が可能となる。

技術は、資金が用意できれば、外国から買いつけることが出来る。

「満州の重工業を五ヵ年で建設するには三十億円を要する(日本の年間歳出額が二十七億円の時代、これは未曾有の巨大プロジェクトである)。その三分の一、願わくは半分は外資(米ドル)に依存したい。その方法は借款《しゃっかん》ではなく、株式参加を期待したい。この結合は相手国と利害を共にすることになるから、将来、戦争の危険にもブレーキになるだろう。」

「資源の開発から工業の建設まで、これを一体なものとして有機的に総合開発しなくてはならない。総合本社が必要になる。」

これまでの一業一社主義では、相互の連携がうまくいかず、これでは総合開発は成り立たないのだ。

「自分一人が満州に行っても何も出来ない。日本産業をあげて満州に移住しよう。」

日本では、官庁・会社間の権益の縄張りが固く、鮎川が腕を振るう余地はなくなっていた。

満州は未開の大地、手付かずの処女地である。これを思う存分に開発してみたい。

英国が二百年、米国が百年かかった工業の建設を短期に実現してみせよう。

昭和十二年十月、満州重工業開発（満業）が日満両国の政府・閣議で決定され、その運営が日本産業社長の鮎川に一任された。

鮎川はすばやく次の手を。満鉄付属地の満州国への返還が決まっていた。

十二月の返還、それ以前に付属地に在る日本法人は、自動的に満州国の法人となる。

日本産業は資本金二億円、株主五万人とはいえ、中身は持ち株会社である。

会社の資産は傘下企業の株券、百名余りのスタッフが働いているにすぎない。

鮎川は株券とスタッフを満州・新京に移し、「日本産業」の移転登記を済ませた。

株主総会を開き、社名を「満州重工業開発」、資本金を倍額、増資分は満州国政府が引き受けた。

鮎川の奇想天外の早業《はやわざ》、日本の世論も、日本の財界・産業界も仰天、驚嘆したのだった。


振り返って鮎川の満州の産業開発、これは失敗に終わった。

いくつかの要因が重なったが、主要なものは二つ。

第一は「資源の誤算」、満州には期待していた地下資源がなかったことにある。鉄鉱石と石灰、これも上質なものではなく、非鉄金属はマグネシウム以外、鉱物標本程度のものに過ぎなかった。

鉱物学の世界的権威、元米国鉱山局長、ベーン博士による調査でも結果は同じだった。

これまで文明の入らなかった人跡未踏の山岳地帯、匪賊《ひぞく》・馬賊《ばぞく》の巣窟だった東辺道。

鮎川の視察も飛行機による空からのもの、自身の目と足で確かめたものではなかったのだ。

鉱業は昔から山師《やまし》の領域、世界一のシンクタンク・満鉄調査部を信用したのが誤算の元だった。

第二の要因は「外資導入の挫折」。鮎川の考えていた外資はアメリカのドルだった。満州の開発は日本の技術ではおぼつかない。満州の資源を担保に、アメリカの資本技術を導入し、これを一気に実現しよう。

資源は土台、資本は柱、技術は屋根、鮎川構想は紙上のデザインに終わった。

昭和十二年、日華事変が勃発。戦禍《せんか》は上海に広がり、日本軍はアメリカ砲艦パネー号を誤爆した。

対日世論が悪化、鮎川は渡米し、外資導入交渉に入ることを断念。

次の機会を待ったが、日中戦争は拡大の一途、渡米の機会が鮎川に訪れることはなかった。

「もしあの時、アメリカの対日世論が悪くなったとしても、押し切って渡米し話をまとめてしまうか、あるいは満州重工業の設立が一年早く、仮に日米協力による満州開発が実現していたとすれば、日・独・伊の枢軸《すうじく》外交は頓挫《とんざ》し、満州を媒介として日米両国は結ばれ、真珠湾攻撃もなく太平洋戦争も回避されていたかもしれない。」

国際関係は外交官のパーティーにより成り立つものではない。

国と国との信頼は、利害を共有することが大事なのだ。

信頼を意味する英語のクレジットは借款・借金をも意味する言葉なのだ。

十四年五月、満州自動車製造が設立。

ニッサン建設の指揮をとった山本惣治が理事長に選任された。

鮎川の狙いはフォードの技術だった。フォード社は海外工場建設用に予備《スペア》の製造ラインを保有しており、フォード社の協力により、満州に製鋼から部品工業まで、一気に自動車工業の実現を図った。

山本理事長は渡米。しかし上海から天津、日本軍の大陸戦線は拡大、米国の対日感情は悪化の一途、この構想は暗礁に乗り上げてしまった。

窮余の一策、鮎川は関東軍の強い要請に抗し切れず、ニッサンの製造設備一式を安東工場に移設することを考えた。

「国策ならば従うが、移転には反対である。」

ニッサンの役員は揃って反対。企画院・商工省も賛同せず、この構想は実現しなかった。

安東工場は資材不足も重なり、日本フォードの設備を移設した組立工場のみの一部稼動に終わり、年産五万台の自動車工場は未完のまま終戦を迎えた。


時の移りは早く、自動車が戦場の花形、兵の機動の主役だった期間は短かった。

戦史の中で自動車が最も活躍したのは満州事変と日華事変、大陸を舞台とした日中戦争だった。

昭和十六年十二月に始まった日米の太平洋戦争、大陸から南海の島々へ戦場が移った。

ガダルカナルの攻防、戦場の主役は「飛行機」になっていた。

ニッサンの製造ラインも、主役は航空機エンジンの生産に変わっていた。

「私は満州での落第坊主です。若い軍人どもにこっつき廻されて嫌になった。」

関東軍の「内面《ないめん》指導」、満州重工業、傘下企業の役員人事には、その都度介入があり、社宅建設用の資材の調達、レンガやコンクリート一つにも関東軍参謀の許可印《スタンプ》が必要だった。

十七年十二月、任期五年が終わり後任総裁に高崎達之助を指名し、鮎川は満州を離れた。

投資先を探していた日本の生命保険会社を株主に「満州投資証券」（社長・三保幹太郎）を設立。

資本金は四億円、満業の日本系企業の株式全部を売却、代金を満州への投資に廻した。

五・八　鮎川、八十八年の履歴書と決算書

昭和二〇（一九四五）年八月、日本はポツダム宣言を受諾し無条件降伏、敗戦国日本は占領軍、マッカーサー元帥の支配下に入った。そして戦争犯罪人の摘発。

鮎川は十二月十七日、A級戦犯容疑で逮捕された。

「逮捕されている人が必ずしも有罪ではないが、それ相応の理由がある。慎重に事実を調べたうえ釈放される人も出てくるだろう。」（キーナン主席検事）

なぜ、鮎川が逮捕されたのか、この輪郭《アウトライン》を描いてみよう。

「真珠湾攻撃に始まった日米の太平洋戦争、その起源をたどると一九三七年の日華事変、日本軍の中国大陸への侵略戦争に至る。そして、中国への侵略は三十一年の満州事変にまで遡《さかのぼ》る。アジアの支配を狙う日本の軍国主義、侵略戦争は満州事変に始まったのである。」

「戦争の主役は軍人、しかし、満州侵略を計画したのは軍人だけではない。政治家、官僚、事業家も加わって、〃共同謀議〃がもたれたのである。」

メンバーは満州の実力者、〝二キ三スケ〟と呼ばれた五人。

・東条英機《ひでき》（関東軍参謀長）
・星野直樹《なおき》（満州国総務長官）
・岸　信介《のぶすけ》（満州国産業部次長）
・松岡洋右《ようすけ》（満州鉄道総裁）
・鮎川義介《よしすけ》（満州重工業総裁）

五名を、検事達は「マンチュリアン・ギャング」と呼んだ。

日米開戦時の内閣、パールハーバー・キャビネット、東条は首相であり、星野は内閣書記官長、岸は商工相。松岡は近衛内閣の外務大臣、日独伊三国同盟の締結者、日米関係を悪化させた張本人。


「鮎川は満州侵略の黒幕《くろまく》に違いない。」

キーナン主席検事と三十七名の国際検事局のスタッフ。

活動の中心はアメリカ人、ニューヨーク・シカゴの犯罪摘発で敏腕を発揮した検事達だった。

ギャングの抗争には必ず陰で糸を操る黒幕、大物の実業家がいるのが通例なのだ。

満州侵略では満州の資源開発の独占と満州市場の支配を狙った鮎川がそれである、と。

日本語も、日本の歴史も何も知らずに、しかも六ヶ月の短期間、隠された証拠を探し、証人を選び犯罪容疑《ようぎ》を立証する。有能な検事達であったが、戦争犯罪の裁判は初仕事。

どうしても、これまで手掛けてきた類似の事例をモデルにシナリオを書くことになる。

東京裁判のキーワード、「共同謀議《コンスピラシー》」はその一例、親分から幹部まで、ギャングの一味を一網打尽に捕らえる暗黒街の犯罪捜査にしか通用しない法理論なのである。

これぞ日本の侵略戦争の始発駅、共同謀議の教典《バイブル》と検察側が見立てた「田中義一上奏文」。

法廷で偽作であることが立証されてしまった。

「二キ三スケ」といっても五人の名前の語呂合わせ、共同謀議の実体が何もないものだった。

満州事変の作・演出・主演を一人でつとめた関東軍参謀「石原莞爾《かんじ》」の名さえ入っていない。

鮎川を尋問した検事は、いかなる手順と仕組みで「日本産業」と「満州重工業」という巨大企業集団をつくったのか、いくら説明しても理解できなかったという。

金融・証券の仕組みに無知だったのである。

「あなたは魔術師《マジシャン》だ。」が結論、取調べは終了した。

それに、どこをどう探し調べても、鮎川にはこれといった資産も隠し財産もなにもない。

カーネギー、ロックフェラー、ヴァンダービルド、容赦《ようしゃ》なく相手を薙《な》ぎ倒して富と名声を手に入れる巨大帝国の支配者、泥棒男爵《ロバーバロン》達とは違っていたからである。

降る雪を見上げて寒し鉄格子
二年間が、二十年にも感じられた獄中生活から解放された。
「現在裁判中の東条ら二十五名の戦犯容疑者の中に、実業家が一人も入っていないことは決して偶然ではない。日本の事業家はドイツとはまったく違っている。ドイツではヒットラーが馬に乗り産業界の人物が鐙《あぶみ》を支えた。しかし日本では銀行家や商工会の指導者がたとえ鐙を支えたとしても、銃を突きつけられて、やむなくやったことである。」（キーナン主席検事）

郷古潔（三菱重工）、津田信吾（鐘紡）、中島知久平（中島飛行機）、正力松太郎（読売）、大河内正敏（理研）、実業家は全員無罪放免となった。

占領期、占領政策の批判は一切許されず、東京裁判の報道もＧＨＱの検閲を受けた。

「勝者が敗者を裁く裁判」

法廷では弁護士側の異議申し立ては却下され、侵略戦争、共同謀議というシナリオが採用された。

「現代日本の原点は敗戦の焼け跡にあり、それ以前は考えるに値しない忌まわしい過去なのだ。」

東京裁判による歴史観が学校教育と社会生活の中に定着していった。

鮎川には「満州」・「戦犯」という二つの暗い過去が付きまとい、ダットサン・大衆商品を扱う会社にはふさわしくない人物として、人々の記憶から消し去られていくことになったのだ。

しかし、鮎川は悠々自適の余生を選ばなかった。

公職追放が解除され、会長・相談役にと関係していた会社から就任を求められても、「経済は卒業した」として過去に未練を残さなかった。

獄中、鮎川は日本の誇りある再生を考えていた。

そのために、日本は何をすべきか、自分にはなにができるのか。

結論は三つ、「高速道路」、「水力発電」、「中小企業」である。

高速道路には「道路公団」が、水力発電には「電源開発公社」が設立され、鮎川は構想と調査データを引き継いだ。

そして残りの人生、自分にしかできないこと、それは「中小企業問題」だった。

鮎川が満州で、最も苦労したのは満州には部品工業、すなわち中小企業が無いことだった。

日本国民の四割が中小企業に関係している。

戦後、「労働者」は労働三法により保護され、「農民」は農地解放の恩恵を受けた。

しかし、ひとり中小企業のみが、光りのあたらない、昔のままの悲惨な状況下にある。

もしここに共産主義が入り込み、中小企業が赤化したならば日本の未来はどうなるのか。

社会は北欧やスイスのように、中間層が厚く、金持ちと貧者が少ない菱形の構成が望ましい。

日本はアジア型、上と下があって中間が無い、「経済の二重構造」なのだ。

中小企業は、設備が旧式、更新するにも銀行融資が受けられない。

大企業とはあらゆる面に大きな格差がある。

中小企業の地位を底上げし、日本経済の二重構造をなくさねばならない。

中小企業の実情を政治家や役人に陳情しても法律の枠内で多少の改善が図られるだけ。

これでは百年河清を待つに等しい。

民主政治の仕組みは、国会議員に選挙での投票という圧力をかけること。

中小企業問題の本質は、経済問題ではなく政治問題なのだ。

鮎川は昭和二十八（一九五三）年五月、参議院選挙、全国区に立候補、当選した。

鮎川は政治に対する圧力団体として「中政連（中小企業政治連盟）」を結成、総裁に就任した。

全国に五百支部、会員百万人。

鮎川は会員獲得のため全国を巡り、決起集会では鉢巻きを締め壇上に立った。

能役者の装束のような総裁服を着て演説する鮎川の写真が新聞・雑誌を飾った。

人呼んで「鮎川教祖」

「新興宗教では信者が教祖に献金するが、中政連は信者のために、教祖が私財を持ち出すのが特徴。」と報じた。

「日に煙草一個を倹約して会員になろう。」

スローガンを掲げたが、会費は思うように集まらない。

中政連は、政策も財務も、教祖におんぶに抱っこだった。

鮎川は次第に政治にのめりこんでいった。

既存政党に頼るより、自前の政党を作ろう。そのほうが役人達に圧力をかけやすい。

昭和三十四年六月の参議院選挙。中政連から全国区六名、地方区四名の候補者を立てた。全員を当選させ、「中政クラブ」を結成、ゆくゆくは三十名程度の党派を目指したのである。

しかし、政治の世界は一寸先が闇、これが大誤算だった。

史上空前の大選挙違反になったのである。

東京地方区から立候補したのは、中政連の青年婦人局長、鮎川の次男・金次郎。

届出は無所属、中政連推薦ではなく自由民主党の公認だった。

地元の自民党都議達は猛反発、東京地方区は、日本の顔、とかく目立つ選挙区なのだ。

・被選挙権を得たばかりの最年少、三十五歳、財界の御曹司。

・キャッチフレーズが「映画は裕次郎、政治は金次郎」
・「人気歌手、雪村いづみと婚約か」と女性雑誌が記事にした。
・「ゆくゆくは首相を目指す」本人の抱負も大きかった。
テレビの時代が始まった頃、マスコミを巻き込んで派手な選挙運動は前代未聞、他陣営のやっかみと嫉妬を燃え立たせた。

選挙結果、中政連で当選したのは二名、全国区の鮎川義介と東京地方区の鮎川金次郎だけだった。

この結果、世の中の風向きが変わったのだ。

まず動き出したのが警視庁捜査二課、体制を整え待ち構えていた。

金次郎派の選挙違反、買収容疑で逮捕者が百名にならんとしていた。

そして最高幹部二名の逃亡。

鬼より怖い東京地検特捜部も動き出した。

刑事訴訟法、二百五十五条、時効の成立を阻止するため、起訴状謄本が不送達に終わるごとに、起訴手続きを繰り返した。

二人は長崎から種子島、大島、徳之島へと逃亡生活。

アメリカ施政下の沖縄本島へ、那覇のホテルに潜伏中逮捕された。

新聞は連日、選挙違反と二人の逃亡を大きな見出しの記事にした。

マスコミは、選挙前に政界のホープとして持ち上げた分、選挙後は一転し、手のひらを返すように金次郎を叩き、鮎川父子を追い詰めた。


悪い奴ほどよく眠る。巨悪や選挙のプロ達が捕まるケースは少なかった。

派手で目立った素人集団、あちこちでボロがでたのだ。

金権選挙、「法定費用以下で選挙運動をしているのは市川房枝ただ一人」、が当時の常識だった。

十二月末、鮎川は道義的責任をとり議員辞職。

「鬼の目にも涙だ」

鮎川は不起訴になり、その理由を、野村東京地検検事正は新聞記者に語った。

「親馬鹿というよりほかは無い」

中小企業の経営者は地方の名士、道義を重んじる人達。この事件を境に中政連から去っていった。

鮎川は四面楚歌、中政連の活動も鮎川の人生も、事実上この時点で終わったといってよいであろう。

経団連会長・石坂泰三は、戦後、食糧難の時代、配給になった南京米《なんきんまい》に喩《たと》えて、

「中小企業、あれは南京米、どうにも固まらない。」

と嘆いた。パサパサと粘りが無く、「おにぎり」にはならないのだ。

業種と業態がさまざま、共通の利益がそこにはない。

時に利害が一致したとしても、個々の事業主により思惑を異にする。

業界が何かを取り決めても、己の思惑で抜け道を探し、抜け駆けをすることなど朝飯前。

外国との取り引きでは、そこを相手につけ込まれるいつもの過当競争。

海外から日本のダンピングと低賃金を非難する声が高くなった。

これは日本の不治の病、アジアの貧困が生み出した宿痾《しゅくあ》のようなものだった。

「南京米といっても、適当な〝触媒〟さえ見つかれば固まるはずじゃ」

いつもの鮎川の侠気《おとこぎ》が動き出したが、選挙違反により挫折、無残な失敗に終わった。

世間は八十歳、巨大な丘の上の風車に立ち向かった、老いたドンキホーテの末路を笑った。

一九五〇年、六〇年代、大学の期末試験や就職試験の口頭試問に

「日本経済の二重構造を論ぜよ」

と、よく出題された。正解がなく、容易に解けない難問だったからである。

いつ頃からか、この言葉は全く聞かれなくなってしまった。

一九八〇年代には、日本は世界一の「平等社会」を実現したと言われ、意識調査では、私は「中流」という回答が、最も多く寄せられた。

別荘を買い、外国製高級車を乗り回すのは中小企業のオーナー経営者。それを誰も不思議とはしない世の中になっていた。

「赤化革命」も杞憂に終わった。

それをもたらしたものは、何だったのだろう。

政府の助成、税制の改革、金融の整備……。多くの要因が錯綜《さくそう》している。

しかし、何といってもその第一の要因は「日本経済の高度成長」にあり、といえるだろう。

高度成長期の花形、自動車や電機にしても組立産業であり、多くの中小企業の製品が組み込まれている。高度成長は大企業の繁栄と共に、中小企業の成長と繁栄をもたらしたのである。

また高度成長は中小企業のビジネスチャンスを広げた。

時には過当競争を生み出した、負けじ魂とバイタリティから、新しい技術と競争力のある新製品が生まれ、大企業を上回る成長と躍進を遂げた中小企業の事例をいくつも見ることが出来るのである。

これらは鮎川の中政連、その活動の成果とはいえない。

鮎川は、日本経済の高度成長とは無関係だったのだろうか。

戦後復興期の主役、石炭と鉄鋼、造船に替わり、高度成長期は「電機」と「自動車」、この二つの産業が機関車の役割、日本経済を牽引した。

そのリーディングカンパニーを挙げれば、電機は東芝と日立。自動車はニッサンとトヨタ。

鮎川が深く関係してきた「日立製作所」と「日産自動車」、四社中に二社が占める。

「日立製作所」は鮎川の創業した会社ではないが、久原鉱業の発電機修理から出発した会社。

一九二〇年二月に独立、時期が第一次世界大戦後の不況の真っ最中、前途多難だった。

そして親会社、久原鉱業の経営が悪化、「久原は鈴木商店より危ない」といわれ、久原の危機は鮎川の経営努力と手腕が無ければ倒産に至ったのは確実。

これといった外販技術と販路を持たない日立製作所は、親会社と運命を共にしていたかもしれない。

一九三七年、鮎川は満州重工業総裁に就任のため、戸畑鋳物の経営を小平浪平・日立製作所社長に託し、両社を合併した。

戦後、日立は合併した旧戸畑鋳物を「日立金属」として分離したが、戦略的に重要な部門、二つの機能を残した。

一つは東亜電機製作所だった戸塚工場。重電の日立にとり唯一の弱電部門。

自動車電装部品、通信機器、コンピューター、家庭電化製品………。

戦後発展した新しい経営の柱がいくつもここから生まれたのである。

第二は東京・国分寺の「中央研究所」。

日産コンツェルンの研究センターとして戦時中に構想された。

ここは日立の頭脳となり、コンピューター、電子顕微鏡などの技術の種子はこの地に生まれた。

鮎川は日立製作所の生みの親、育ての親とはいえないにしても、「技術の日立」、その種の、かなりのものは起源をたどると鮎川に至る、といってもよいだろう。

日産自動車は鮎川義介の創業になる会社である。

ダットサンは昭和の大不況時代、希望の一番星として誕生した。

戦後も、人々はダットサンを夜空に輝く道標《みちしるべ》の星のように注視していたのである。

昭和三〇年は「自動車元年」といわれる。

誕生以来二十四年、戦争、戦後と続き、かつての輝きを喪失《そうしつ》していたダットサンがデザインを一新（毎日産業デザイン賞を受賞）、トヨタからはクラウンが誕生した。

ライバルの登場、ダットサンとクラウンは「神風タクシー」として街中の悪路に人気と耐久性を競《きそ》った。

タクシーの初乗り料金が、小型（ダットサン）・七〇円、中型（クラウン）・八〇円と差があったから、客付きの良いダットサンはどこのタクシー会社でもダントツの稼《かせ》ぎ頭《がしら》になった。

小型で元気、頑健な働き者、ダットサンの復活、これが「神武景気」の起爆剤《きばくざい》となった。

戦後十年、電機・自動車がリードする大衆消費社会の入口に達していた。

神武景気は日本経済の高度成長に至る、第一ステップだった。


三十四年八月、ダットサンの新車、「ブルーバード」の発表会、十二万人を超える人の波。

日本もアメリカのように、自動車の売れ行きが国の景気を左右する時代になっていた。

神武景気を上回る「岩戸景気」の到来である。

自動車は総合産業、部品は二万点。

鉄鋼・ゴム・ガラスから石油、繊維、工作機械、金型工業と産業の裾野が広がる。

鉄鋼・石油会社も、商社・電力会社も、東京で開かれる講習会に参加し、ニッサンの投資と生産計画を横目でにらみ、スタッフは自社の投資計画を立案した。

この状況を経済白書は、「投資が投資を呼ぶ」と時代のキャッチフレーズに取り上げた。

戦後、日本経済は好況から不況へと、景気循環を繰り返した。

理由は、経済活動に隘路《ネック》があったからだ、〝外貨《がいか》〟である。

経済が好況になれば、設備投資が活発になり、機械と原料の輸入が急増する。

その結果、国際収支が悪化、国の保有する外貨が底をつく。

「景気過熱」。

政府は金融を引き締め、日銀は公定歩合を上げ、市中銀行もこれに連動。

企業は、どこも銀行から巨額の借入金を抱えており、経営者の設備投資意欲に急ブレーキがかかる。

株式市場は先を読み、株価は暴落、消費マインドは冷え込み、世は好況が一転し不況となるのだ。

お茶と生糸を輸出し、外国から大砲と軍艦を買い、日清・日露戦争を戦った国である。

国の稼ぎ手は、農業と軽工業、売り物は手先の器用さと低賃金だけだった。

開国百年、しかし貿易収支、国の赤字体質は少しも変わらない。

戦後は、欧米にキャッチアップの時代、外国に欲しい物、新しい技術や設備があっても、外国から音楽家を呼ぶにも外貨がなく、外国旅行にも使える外貨は少なく、厳しい制限付だった。

企業活動が活発になれば、景気の「過熱」、急ブレーキがかかる。

「高熱、肺炎の恐れあり」

との診断、しかし成長期の子供達、これは元気の証拠、「外貨」がないのがその理由だった。

外貨の稼ぎ手、エースとなる工業製品の出現、これは日本の悲願だった。

日本の貿易収支は、一九六一年の三億五千七百万ドルの赤字を最後に、黒字に転換した。

(唯一の例外が七九年、第二次石油危機の原油価格の高騰、二四億三八〇〇万ドルの赤字。)

その変化は何故か、その第一の理由は米国市場での「ダットサン」の躍進だった。

対米輸出の本格的スタートは一九六〇年。

五年後の一九六五年、初めて輸入車ベストテン入りの六位、一万三二〇一台の販売。以降、毎年一万台以上の増加、輸出十年で十万台の大台に、輸入車ベストテン三位に躍進した。

日本経済は、外貨という隘路から開放されたのだ。

女工哀史と蟹工船、苦しみと哀しみによる外貨の獲得、苦難の歴史がやっと終わったのである。

東京オリンピックが閉幕、東海道新幹線、名神高速も開通した。

巨大プロジェクトのブームは終わり、もう大型需要は期待できない。

これからの日本経済は、供給過剰の時代になる。

エコノミストは「構造不況」と名づけ、いつもの悲観論を予測した。

株価は下落、山一證券は経営危機に。

しかし、今回も杞憂に終わった。

四十一年から、日本経済の「本格的高度成長」が始まったのである。

名実共に、自動車産業がリーディング・インダストリーに成長していた。

サニーとカローラ、日本に「マイカー時代」がやってきたのだ。

四十一年、元旦の朝刊、ニッサンから新型車が誕生、その「車名公募」のキャンペーン。

日本全国に大反響を呼んだ。

応募は八四三万三一〇五通に達し、車名は「サニー」に決まった。


鮎川も一枚、応募ハガキを投函していた。

「よい名じゃ、サニーは覚えやすい。私と同じ名もいくつかあったようじゃ」

二月十九日、車名発表会から戻り、鮎川は妻に語った。

「ＭＩＮＩ《ミニ》・ＭＡＸ《マックス》」

最小と最大、合理の人、技術者・鮎川らしい名前を考えていた。

ＭＩＮＩは最小のサイズ、ＭＡＸは最大の機能。

鮎川は生涯、多くの会社に係《かか》わりを持ってきたが、手塩にかけ育てた〝実子〟は、日立金属（戸畑鋳物）と日産自動車の二社、ダットサンは、子の子、鮎川の初孫だった。

そのときから三十五年、鮎川義介、八十七歳、人生最後の孫、サニーの誕生に立ち合っていたのである。

「ＭＩＮＩ《ミニ》・ＭＡＸ《マックス》」

鮎川は、新しく生まれた「小さな生命《いのち》に、大きな未来《ゆめ》」を託していたのだ。


戦後の日本、「好きな経営者は」と聞かれれば、多くの人は本田宗一郎の名をあげるに違いない。

太閤秀吉の物語のように、小学校卒の学歴、自動車修理工が振り出しの人生双六。夢は大きく不撓不屈、オートバイと自動車レースで世界に挑戦、ついにはホンダを世界一流のメーカーに育て上げた。

愛嬌溢《あふ》れる笑顔と国民の誰からも親しまれ愛される、お人柄。

そして双六の上がりは女房役、藤沢武夫と共に、惜しまれての現役引退。

鮎川は本田とは対角線上にあるイメージ。

イガグリ頭、いかにも怜悧な風貌の経営者。

そして双六の後半は、日本の軍国主義と満州侵略。

敗戦により戦犯、教祖まがいの中政連活動と選挙違反。


日本人は古来、槍一筋の生き様に敬意を払い、桜の散りぎわの美しさをこよなく愛している。


「終わりよければ、すべて良し」

終わりが悪ければ、さかのぼって人生のすべてが否定され、消し去られてしまうのだ。

鮎川は「天一坊」と呼ばれ、「戦犯」と「教祖」になり、最後は「老いたドンキホーテ」に終わった。

しかし、これも鮎川らしい人生だったのである。


自分の名を会社名にせず、息子を後継者にもしない。

社是をつくらず、肖像を許さなかった。
今に残るものは何ひとつとてない。
私心、私欲がなく、一切が無色かつ透明。
異色かつ独創の経営と、波乱万丈の生涯。
鮎川義介の人生、八十八年の履歴書と決算書である。

六　ウィリアム・ゴーハム

六・一　天才エンジニア、日本へ行く

技師長　ウィリアム・ゴーハム　一二〇〇円。

社　長　鮎　川　　義　介　　一〇〇〇円。

昭和八年、戸畑鋳物の月俸、主任（課長）百五〇〜二百円、大学卒（初任給）五十五〜六〇円。

お雇い外人技師は民間でも活躍したが、高給の故、一〜二年、短期の任務で多くは帰国した。

鮎川はゴーハムを自分の右腕として、社長以上の高給を以て処遇し生涯傍に置き、自動車工業への進出などの重要な技術課題を相談し、彼に担当させていた。

ダットサン、横浜工場の建設はゴーハムの人生においても特筆すべき大仕事であった。渡米し設備の選定、外人技術者の人選、工程設計、生産技術の指導と工場建設の指揮をとった。

一八三㎝、一二七・五㎏の大男、それでいて口元の優しい温和な童顔。

趣味は「唯ひとつエンジニアリング」。夫妻は敬虔なクリスチャン・サイエンスの信者。「教会で神に接するのが唯一の楽しみ」の男だった。日曜日は教会に行き、午後は安息日、家庭サービスデー。しかし、妻が目を放すと書斎に入り、技術書を読み耽《ふけ》っていた。

ダットサンの設計者、後藤敬義、鍛造、鋳造、プレスの責任者となる島村易、保坂透、五十嵐正は直弟子。いまも、あるプレスメーカーの創業経営者は「私のプレスはゴーハムさん直伝の人達から教わったもの」と誇らしげに語る。

ゴーハムは一八八八年、サンフランシスコに生まれた。

父はグットリッチゴムの極東代理店を経営。裕福な上流社会のひとり息子。機械好きの少年だった。

学校の帰り道、造船所や汽車工場で修理の様子を見ていて飽きることがなかった。

天才エンジニアの道を決定づけたのは、十四歳の誕生日。

祖父にお願いしたプレゼントはローラースケート、

「自分で作りなさい。」届いたのは「小型旋盤」だった。

父は裏庭に工作小屋を作ってくれた。

まずローラースケート、次に機械式のポンプ、成功すると小型のガソリンエンジンに取り組んだ。

失敗し反省、改良を加えながら、木造ボディーの四輪車を作り上げた。

ひとつことに夢中になり、知識と技能を猛烈な勢《いきお》いで短期・集中して学習《マスター》する、そして次に進む、

「天才の学習回路」を自学自習していたのだ。

十三歳の時、父と共に三ヶ月、日本を旅したことも忘れられない思い出となった。

日光・箱根の美しい自然、親切で勤勉な日本人、京都・鎌倉の静かな街並み、そこを走る人力車にもゴーハムの興味は尽きることがなかった。

船旅の中で、父に聞いた祖先の勇気と信仰の物語も忘れることはなかった。

ゴーハム家の始祖、フランク・ゴーハムは、メイフラワー号で新大陸に、独立戦争で英国と戦った陸軍大尉。

そして、南北戦争を戦い、西部の開拓に挑戦した祖父のことも。

父は毎年、商用で日本と中国を旅していた、船旅による太平洋横断、生涯で七十六回に及んだ。

ヒールド工科大学で「電気工学」を専攻、機械工学は、独学で高度の専門知識をマスターしていた。

機械《メカニクス》と電気《エレクトロニクス》が融合、一体となった現在主潮流の最先端技術、「メカトロニクス」（メカトロ）。

彼は宮本武蔵、機械と電気の両刀を自在に使いこなした最初のエンジニアといえよう。

卒業後は、父と共に「ゴーハム・エンジニアリング」を経営、船舶用の石油発動機を製作。

製品は世界中に輸出され、従業員は二〇〇人を超えるほど商売は繁盛していた。

第一次大戦により航空機への関心が高まってきた。

ゴーハムは六気筒、空冷式、一五〇馬力の航空エンジンを製作、これは自信作だった。

しかし、米国政府はリバティエンジンの標準化を決めていた。

ゴーハムのエンジンは公式試験を優秀な成績で合格したものの、政府の採用にはならなかった。

ゴーハムより一〇〜二〇年早く生まれた先達たちが、既にアメリカ工業の各分野に、確固たる勢力を張り巡らしていたのだ。

ゴーハムの技術が生かせる道、残された工業のフロンティアは消滅しつつあったのだ。

第一次世界大戦、日本にも航空機熱が高まった。

アートスミスなどの曲芸飛行家が日本各地を廻り、「航空ショウ」が大人気を集めていた。

「日本で航空機エンジンの製作を……。」と話しがあり、大正七（一九一八）年、ゴーハム三〇才、妻と二人の子供を連れ、航空エンジンと図面、工具一式を携えて来日した。

しかし、日本では時期尚早だった。工業水準が低く、また、大戦が終わると、経済は一転し不況に。スポンサーは倒産、日本の航空機熱も急速に冷めていった。

帰国する旅費がない。「日米友好のために」と米国帰朝の経営者、鮎川義介に救援の依頼があった。

訪ねた鮎川に、ゴーハムは自分の思いを語った。

「日本人の素質は工業に適している、私は神の使命《ミッション》として残りの人生を日本の工業の発達に寄与したい」

鮎川は感動した、自分と同じ考えの人間に初めて出逢ったのだ。

ゴーハムは、来日にあたり世話になった興行師・櫛引弓人、片足が不自由だった彼のために、ハーレー・ダビットソンの部品を使い、片足でも運転できる一台の三輪車「クシカー」を製作。

櫛引はショウマンである、軽快に大阪・神戸の街を得意顔で走らせる、人々の注目が集まった。

大阪は商都、しかし「大阪砲兵工廠」があり、新しい技術に対する関心が高かったのである。

欧州大戦で財を成した大阪の実業家、久保田鉄工所創業者の久保田権四郎らが、大正九（一九二〇）年、「実用自動車（株）」を設立した。資本金、一〇〇万円。（米価換算、一三〇〇倍、一三億円）

人が引き人を乗せ走る人力車、これが都市交通の主役だった。

「これは文明国日本の恥辱、人力車に代わる新しい交通機関が必要である」

クシカーの製造に目を付けたのだ。

「ゴルハム式三輪車」、空冷二気筒、一二〇〇cc、七馬力。ハンドルは舵棒《テイラ》、ライトはアセチレン灯、後輪チェーン駆動、という人力車の代替を狙った三輪車、しかし値段は一三〇〇円。

当時、フォード二〇〇〇円、シボレー二四〇〇円。かなりの割高感のある価格だった。

機械工業も、部品工業もない日本に自動車工業をつくる。

経費がかさんだ。機械・設備、鉄鋼などの資材は米国から輸入、日本では自動車用ボルト・ナットも手に入らず、ネジ切りのタップ・ダイスの工具類も、ボールベアリングまでも自製した。

ベアリング・歯車類の表面硬化、熱処理の炉も、オイルバーナーも自製せねばならなかった。

月産能力五〇台、売れたのは三〇台前後、経営は大赤字だった。

赤字対策の第一は商品力の向上。横転事故が多かったため三輪を四輪に。

しかし元来が人力車の代替を狙った車、フォードやシボレーに対抗するには非力だった。

ゴルハム式三輪車は一五〇台、四輪車は一〇〇台の生産に終わった。

第二の対策は経費の削減、月俸、ゴーハム・一〇〇〇円、リッル・八〇〇円、米人技師は鮎川の戸畑鋳物に移ることに決まった。

三つ星レストランのシェフが、田舎の大衆食堂に来たようなもの。経営は失敗に終わったが、成果は二つ。

一つは、初代ダットサンの設計者となる後藤敬義、甲斐島衛などの優秀な技術員を育成したこと。

いま一つは、試作段階からジグを使い、検査にはリミット・ゲージ、寸法・精度を維持し、部品の入・出庫は英文カードシステムに記録するなど、日本に初めて「部品互換」生産システムを本格的に取り入れたこと、部品加工の精度が、1／10㎜から1／100㎜に変わったのである。

『ウィリアム・ゴーハム傳』に、部下達はゴーハムを語る。

「その趣味を問えば、常に〝エンジニアリングより外なし〟と答えられた。明け暮れに技術に精進することが生命であり、又趣味であった」

「胸中に湧き上がる構想を、直ちに図面にする。話しを進行させつつ、同時にスケッチが出来る」

「とにかく非常に熱心で、忙しい時は決して帰らない。いつまでも居残って働いていた。」

「日本人になり切るために心を遣っていた。神社の前を通過する時は、必ず拝礼《はいれい》された。」

大正十年、ゴーハムは戸畑鋳物に移籍。

鮎川は自動車工業への進出も考え、部下を銀行と相談させたが、結果はどこも「自動車は時期尚早」。銀行は大戦中の融資と投資が焦げ付き不良債権の山、貸す金がなかったのである。

牛刀を以て鶏を割く憾みがあったが、鮎川は、「小型石油エンジン」の製作に踏み切った。

農耕用、船舶用のエンジンは、「ゴルハム式発動機」と呼ばれ、信頼性が高く、需要も旺盛だった。

完成品は、試運転を行い、馬力・回転数・燃料消費量をカードに記入。いつどこでクレームになっても、すぐ対応できるよう整理されていた。

設計変更があった場合は、製造番号の何番から、どのように変更したかが明記されていた。

今は当たり前の品質管理、しかし大正期の日本には画期的なシステムだった。

ゴーハムは大阪・木津川の継手《つぎて》工場にも指導に出かけた。

ガス管・水道管の「鉄管継手」は、戸畑のドル箱商品だった。

継手に使うネジの材料や寸法についても、細心の注意を払うように指導した。技術者に機械の基本であるネジの大切さを語った。ネジ切り機械の精度を上げ、ネジの材料を吟味し、品質の良いネジにしないと、継手の生命とも言うべきシール性が悪くなるからだ。

ゴーハムの指導は具体論である。

砥石《といし》のような副資材の購入に当たっても、カタログだけで注文するのではなく、メーカーの製造現場に行って、作られている工程や材料まで勉強するように指示をした。

工場見学の際は、参考になるものがあれば、機械や工具の寸法をメモすることも。自分の目線の高さは何cmか、歩幅は何cmか、足や手の指を使っての寸法測定法である。

大きな建物内では機械は小さく見える。重要なポイントは、忘れぬように、すぐ近くのトイレに入りメモすることなど、細かいところにまで及んだ。

ゴーハムは、大正十五（一九二六）年から五年間、「東亜電機」の技師長に、戸畑を離れ上京した。

鮎川が、大戦不況で経営不振に陥っている会社の中から、将来有望のものを拾い上げ、それを管理する会社として「共立企業」を設立した。

四・五〇社を調査、その結果選んだのが、和鋼の安来《やすき》製鋼と東亜電機である。

大正七年、商用や一部の金持ちに限られていた電話を、大衆にも普及させるために始まった事業。

しかし大戦終結により世は不況に、電話機は売れず滞貨の山、経営は危機に陥っていた。

社長は戸畑鋳物から村上政輔が、技術についてはゴーハムに任せられることになった。

「おはようございます」ゴーハムの第一歩は、朝、東亜電機の門前に立つことに始まった。一八三㎝、一二七・五㎏の大男が、出勤してくる工員達一人ひとりに笑顔で挨拶する。日本ではタイムカードがなく、定時出勤の習慣が定着していなかった頃である。

それからはもう、朝の始業に遅れる者はいなくなった。

副次的な効果も、ゴーハムの朝立ちにあった。

昭和の初期、工員達には不安と心配がいつも付きまとっていた。

いつ自分達も首になるのかとビクビクの毎日、不況で電話機は売れない。経営は赤字続きだった。

雨の日も風の日も、門前に立ち自分達を出迎えるゴーハム技師長。

いつしか会社の中に笑顔と挨拶の輪となり広がっていった。

来日し八年、これまでゴーハムの苦労は職場の人間関係。

東亜電機の再建、ゴーハムは積極的に工員達に挨拶し、話しかけることから始めたのである。

電話機の需要は好・不況の波がある。生産調整のために「電動工具」の製作を経営の柱にしよう。

東亜電機のモータードリル、グラインダーは舶来品に比較し遜色がない。産業界に広く採用され、現在でも日立の電動工具の名声は高い。

ゴーハムは、スターター、ディストリビューター、「自動車用電装品」の製作にも取りかかった。

自動車会社、修理工場からの注文も増え、電話、電動工具に続く経営の三本柱に成長し、経営の安定と収益向上に大きく貢献した。

昭和六年に誕生したダットサン、大阪・豊国自動車のカタログ。

「電気装置は、東亜電機製発電機及び始動電動機を装備し、着火は蓄電池及びコイル式とす。」

ダットサンは信頼性を重視、ドイツのボッシュ、イタリアのシンチュラなど海外一流メーカーの部品を使っていたが、東亜電機の製品は輸入品に遜色のないレベルに達していたことがわかる。

ダットサンの設計者、後藤敬義とゴーハムは東亜電機とダット自動車、会社を異にしても、二つの氷山が水面下でつながっているように、師弟間の意見交換がなされていたに違いない。

東亜電機は、業容の拡大により横浜・戸塚に移転が決まり、後に日立製作所の戸塚工場になる。

六・二　アメリカン・エンジニアリングの神髄を日本へ

昭和八（一九三三）年十二月二十六日、政・財界の要人を招き、帝国ホテルで「自動車製造」（翌年、社名は日産自動車に）の創立披露のパーティー、外人技師夫妻歓迎の小宴が開かれた。

鮎川を初め日本人幹部達も、妻子を伴い出席。

鮎川は「英語」で挨拶、その要旨。

「自動車工業は地球上のこの一角では、ほとんど存在しないのでありますが、十分なる資本と、適正なる指導と訓練があれば、日本で日本人自身が自動車工業を築くことができると確信しております。

そのために、米国から専門家の皆様をお招きしたのであります。私は米国の人なり会社なりと、密接に協調して新事業を発達せしめたい。いささか遠大な望みかもしれませんが、私は新会社の活動を通じ、太平洋両岸に位置する二大国民、相互理解の促進に資せんと望んでいるものであります。」

ゴーハムは「日本語」で、

「鮎川様より自動車の製造事業は米国の技術によらねばならぬという話しがございましたが、日本の家内工業にも優れた特徴があることを忘れてはなりません。実は、私が初めて参りました時には、米国式そのままに日本に移植して成功すると考えておりましたが、実際の経験によると左様ではなく、日本には日本の特徴があり、なかなか良い点も多く、これらに順応していかねば、成功は望み得ないのであります。私は米国式の優れたる点と日本式の良い点とを組み合わせて、将来事業の成功に努力すべきものと存ずる次第です。」

鮎川義介五十二才、ウィリアム・ゴーハムは四十五歳、油の乗り切った人生一番の働き盛りだった。

工場の建設には、ゴーハムの他、四人のアメリカ人技師が指導に当たっていた。

「ジョージ・マザウェル」

祖父の代からの鍛冶屋の名家。横浜工場の建設後、ドイツＫＤＦ（後のＶＷ）鍛造工場を建設。

「マザウェル・フォージング」の名が今に残る超一流のエンジニアだった、後にGMの副社長。

当時、部下だった島村易氏が書き残す。

「マザウェルさんは鍛造の神様みたいな人で、型の設計から型彫り、それから型打鍛造を自分で試し打ちする珍しい技術者でした。三段打ちのコネクチングロットの鍛造には丸棒を荒打ちして、右端の型で中間成型をした後、真中の型で仕上げをします。それを三つ、四つずつ順次叩くのですが、間の取り方が実に旨いのです。その流れる様な手捌《てさば》きには、ただただ感服したものです。自動車工業にとって、鍛造技術がいかに重要かという認識を私達に植え付けたのは、このマザウェル氏です。」

「ジョージ・マーシャル」

フォードのゼネラル・フォアマン。GMでの経験も有するプレス型設計と型製作のエキスパート。

彼のボスはゴーハムに語った。

「彼を手放すことはとてもつらい。しかし、彼自身の為には良いチャンスだ。もし彼が望むなら、帰るまでポストは空けておく。」

妻とお嬢さんも来日。金髪美人のタイピスト、ダットサンの展示会ではモデルになっていた。

「H・W・ワッソン」

ハイランドパーク、ディアボーン両工場で経験を積んだ、フォード・プレスショップのフォアマン。

現在、日本の金型は世界生産の過半のシェアを占め、日本工業の品質と生産性の高さを支えている。この金型技術は流れを遡ると、マザウェル、マーシャルとワッソンの掘った、横浜・子安の泉に至る。

「アルバート・リッル」

機械現場の親分格だった。ゴーハムと共に来日、実用自動車、戸畑鋳物の現場指導に当たる。

戸畑鋳物の若き技師だった森本功氏によれば、

「腕に刺青《いれずみ》、毛むくじゃら。気が短く、気に入らないと大学出の技術員でも『ユーアーフアイヤー』お前は首だ、と権限は絶大。彼を別の職場に替え、リッルの目に付かない様、匿《かくま》うのに苦労した。

奥さんは陽気でオープンマインドなアメリカ人。芦屋の自宅に月に一度、日本人の部下を呼んでスキヤキパーティ。美味しい神戸牛をたらふくご馳走してくれました。」

昭和二十七年の『ニッサン・ニュース』創刊号に、当時の部下達がリッルの想い出を語っている。

「ダットサンのコンロッドの曲がりを手直ししていてリッルに叱られた。あの時は大量生産の互換性の重要さを身にしみて味わいました。」

「時間の観念は立派で、実に厳格、少しでも遅刻するとガミガミ怒った。」

「非常に優しいところもあって、雨降りや強い風の日には、必ず駅まで車に乗せてくれました。」

米人技師達の功績は何か。

十九世紀、アメリカの精密機械工業「部品互換生産システム」はスプリングフィールド、コルトなどの銃器工業で生まれた。その後、時計、タイプライター、金銭登録器《キャッシュレジスター》、ミシンを経て、二〇世紀に入りデトロイトの自動車工業で完成しつつあった。

その世界最新の量産技術と、その過程で形成された「アメリカン・エンジニアリング」の神髄を日本の土壌に移植したエンジニアだった。

創業の日、寒風の吹き荒れる子安の海岸に働いていた人達は総員三〇名に満たなかった。大阪の戸畑鋳物自動車部の人達だけでなく、九州・戸畑工場の機械経験者にも召集がかかった。

転勤者は地図を頼りに東神奈川駅から歩いた、新子安駅は未《ま》だなかったのだ。地図の示すあたりは一面の砂原で、自動車会社らしきものは何もなかった。砂原の中に小さな小屋が建っており、それが事務所、食堂、機械の分解・組立場を兼ねていた。

ゴーハムが米国で買付けた機械が船便で到着する、グリーソンの歯切盤の外はほとんどが中古品で、見たこともない専門機械である。

シンシナチーＮＯ２・センターレスグラインダー、ポッター・ジョンストン自動タレット盤。

分解し、組み立てろと言われても、誰も知識も経験もなかった。

応用動作で苦労と苦心を重ね、精密機械のからくりを学んでいった。

晴れた日には、二地区の上空で「曲芸飛行」もあったという。

キリモミ、宙返りなどの航空ショーも無料で見ながら作業が続いた。

横浜・新子安の海岸のど真ん中に、敷地四万坪、建坪二万五千坪。

年間五千台のダットサンの大量生産、東洋では最大で最新の工場が完成した。

昭和十年（一九三五）四月十二日に組立ラインからダットサンの一号車がオフライン。

外人技師達もラインサイドに立ち、鮎川社長、社員と共にダットサンの誕生を祝った。

東亜電機が戸塚の新工場に移転し、空き家となった渋谷の工場に「国産精機」が設立された。

社長は村上正輔、ゴーハムは常務取締役、技術の総責任者となった。

ダットサンの人気は高かったが、欧米のクルマに比し、ギヤやデフの騒音が大きかった。鮎川は高精度の工作機械の必要性を痛感、自らこの分野を開拓する決断をした。ゴーハムに異論はない、むしろこの仕事は、自分で手掛けたい長い間の宿願でもあった。昭和十一年七月、互斯電《ガスデン》の工機部門と篠原機械を合併、社名を「日立精機」に改める。我孫子工場を建設、昭和二〇年には従業員一万人、日本最大の工作機メーカーに成長していた。

若手の技術者や腕の良い職人を何人か集め、ゴーハムはまず「タレット旋盤」に狙いを定めた。

旋盤の歴史は古く、応用範囲も広い、町工場で働く職人の大半が旋盤工といわれたほどである。

ある職場では「赤ん坊以外なら、何でも作れる」と自慢し、別の職場では「蜘蛛の巣以外なら、何でも作れる」と胸を張る。

タレットとは軍艦の砲台のこと、左右に回転する刃物台に、四～八本の刃物がセットされており、未熟練者でも高能率、高精度の加工が可能である。

ゴーハムは、当時の最優秀機、ワーナー・スージー社のタレット旋盤を分解し、スケッチすることから始めた。再び組み立て、調整し、実際に切削してみせた。

ゴーハムの機械作りの特徴、
第一は、A・B・C案を比較検討し、Aが最善《ベスト》と決定すると、どんな困難や障害があっても、その変更は許さなかった。頑固であり、安易な妥協を絶対に認めなかった。

第二は、ビス・ネジの一本に至るまで、強度と安全係数を計算させた。部品は全て焼入れをし、硬度計で計測、合格品のみを使用した。

第三は、図面は原寸で画かせ、1／2などは絶対に認めなかった。設計者の勘違い、製作者の見落としをなくすためだった。

第四は、設計変更が多いこと。不満や苦情をもらせばは、

「今ケント紙上で訂正することは、僅かな費用と労力にすぎないが、一度加工した後に変更があると、大変な労力と時間の空費となる。だから図面の上で訂正しておくことが大切

なのだ。

我々は神ではないのだから、最初から完全な図面を作ることは出来ない。したがって何千回でも努力して訂正することが立派な技術者になる唯一の途ではないのだろうか」と、懇々と諭した。

日立精機のタレット旋盤は、使い易く、高速重切削の面でもワーナー・スージーに遜色なく世界水準に達した機種だった。

昭和十四年から二〇年までに、二番形・五七三台、三番形・二〇一〇台、四番形・一二五〇台……と七番形まで、四五〇〇台を超え、これは現在にも残る不滅のベストセラー記録である。

一九四一年五月二十二日、ニューヨークタイムズは小さな記事を載せた。

「合衆国市民権を棄《す》てゴーハム夫妻、日本国臣民に」

「ウィリアム・R・ゴーハムと妻のヘゼル・H・ゴーハムは合衆国市民権を放棄し、日本国籍を取得した。日本人と結婚したアメリカ婦人の例はあるが、夫婦共にでの帰化は初めてのケースになる。」

ゴーハムの帰化名、「合波武」は村上政輔社長が選んだ。

「合」は和合、「波」は海の彼方のアメリカ、「武」は武士の国日本。ウィリアムは「克人」、ヘゼル夫人の名は「翠《みどり》」。夫妻は、日本とアメリカの架け橋を意味するこの名が気に入っていた。


満州事変が起こり、日中戦争が始まり、日本は世界の中で孤立を深めていった。昭和十五年九月の日独伊・三国同盟が締結され、日本とアメリカの溝は決定的となった。

長男、ビリーは父と同じエンジニアの道を進むことになり、成城学園中等部を卒業し、高校からアメリカに、大学はカリフォルニア工科大学の機械科に学んだ。

次男のダンは母と同じ文科系を歩む。成績が良く、成城学園から東京大学文学部に進んだ。

卒業論文は「日本文法における特殊形式の研究」。卒業は十六年三月だった。

実業家も教育者も外国人の帰国が続いていた。日米開戦が避けられない情勢になっていた。

ダンも帰国することになり、母は最愛の息子に語った。

「アメリカに帰ってからも、出来るだけ日米関係が良くなるよう努力してくれたら、私としては非常に嬉しい。お願いしますよ。」

ダンは昭和十六（一九四一）年五月、日本郵船の竜田丸で帰国した。

日米開戦、ビリー、ダンの二人は海軍士官になり、米国の超エリート集団、海軍情報部に勤務した。

子供たちとの別れの夜は何を話しても涙が止まらず、とても切なく辛いものだった。

デトロイトには今も、「裏切者《うらぎりもの》、ゴーハムは祖国への反逆者《はんぎゃくしゃ》」と思っている人達がいる。

それは覚悟の上、ゴーハムは祖国に戻り、もう一度人生をやり直すことはできなかったのだ。

日本と日本人が好きになり、どうしても離れがたく、心から愛してしまっていた。

「日本人の学ぶ態度は、真剣でまじめ、ひたむき、嘘はつかない。技術者として信用、信頼ができる。ポテンシャルが高く、教え甲斐がある。」

妻も子供たちも、ゴーハムの心情を理解し、解ってくれていた。

覚悟の上とはいえゴーハム夫妻にはつらい哀しみの日々が始まった。

朝の通勤電車、「アメリカ人だぞ、あいつ」満員の人達がジロジロと睨んだりする。

ゴーハムは、遠くの工場を避け、住居に近い川崎工場へ行くことが多くなった。

職場から応召される社員も増えていく。その都度、職場では出征兵士の壮行会が設営された。

軍歌を歌い、武勲を祈願し、日の丸の旗に寄せ書きをする。

ゴーハムの書く文字は金釘流《かなくぎ》、一字一句を漢字で丁寧に合波武克人と記名した。

自分の二人の息子と太平洋の戦場で殺し合う男たち、しかし帰化をした以上、ゴーハムは日本人、寄せ書きを拒否することは出来ないのである。

「帰化したとはいえゴーハムはアメリカ人、仕事上はともかく、個人的な付き合いはくれぐれも慎重を期し、避けるように」と、軍の監督官の話が伝えられた。

ゴーハム家を訪れる人はめっきり少なくなっていた。

ゴーハム夫妻には、もっと哀しい出来事が続いた。

戦争が始まり、統制は社会生活全般にも及んだ。宗教活動も例外にはならなかった。

プロテスタントの多くの宗派は、「日本キリスト教団」に統合された。

クリスチャン・サイエンスの教会は解散になり、ゴーハム夫妻にとって生きがいであり唯一の楽しみ、教会に行って神に祈ることが出来なくなってしまったのだ。

ヘゼル夫人は、軽井沢の日本産業の寮に軟禁《なんきん》され、夫と別居生活を強いられることになった。

機械の輸入商、ガデリウス商会の社長夫人は「クリスチャン・サイエンス」の信者だった。

開戦直前に母国、中立国のスウェーデンに帰国し、信仰に関する書類をボストンの母教会から受け、ヘゼル夫人のもとに送っていた。

この時の交信が当局にマークされたようだ。

スパイゾルゲが騒がれていた頃のこと、時期も悪かったのだ。

軽井沢では、二人の特高が監視につき、買い物や近くの散歩にも一人がついてきた。

夫人は外出を避け、庭の草花や、蝶や虫たちの写生が唯一の慰めになっていた。

夕辺に浅間にかかる雲を見ても悲しくなり、夫と子供のことを思い、涙が止まらなくなっていた。

六・三　天皇陛下地方巡幸の初日に

人生にも、会社の歴史にも、運・不運と明・暗がある。

一九四五年は、トヨタとニッサンが明と暗に分岐の年となった。

愛知県のトヨタは疎開《そかい》命令もなく、八月十五日の終戦の日を含め工場は操業された。

「九月末の資材保有量は普通鋼二五〇〇台分、特殊鋼二二〇〇台分、銑鉄《せんてつ》三四〇〇台分、非鉄金属五〇〇〇台分があった。」（『日本の自動車』山本直一）

これに対し、ニッサンには空襲を避けるため疎開命令が出され、栃木県の地下工場へと航空発動機製造設備は貨車に積まれ矢板《やいた》駅に、工場は未完成。機械類は駅近くに野積《のづ》みのまま終戦を迎えた。

四十五年に入り、工場のラインは事実上停止状態。資材のストックも底を突いていた。

五月の横浜大空襲により、横浜は焼け野原に、川の向こうのビクター工場などは集中的に爆撃されたが、ニッサンには一発の爆弾も落とされなかった。

九月二日、ミズリー艦上で降伏調印。九月十日には横須賀に上陸した米第八軍の先遣隊《せんけんたい》はジープを連ね横浜へ、第一にしたことはニッサン本社と横浜にあった工場の接収《せっしゅう》だった。

連合国軍の主力は米軍、アイケルバーガー中将指揮下の第八軍、三軍九個師団、四十万人。

その司令部と車両基地（第七十三兵器廠）にするため爆撃対象から除外していたのだった。

関東平野の要地、東京と横浜に近く、敷地は広い、港湾も使える。

ここに立地を決めた鮎川義介と同じ目線で、米軍は見ていたのである。

「泣く子と進駐軍《しんちゅうぐん》には勝てない時代」

しかしこれを何とかして、一部でも使えるようにしないと、この会社には生き残る道がない。

十月一日、臨時株主総会。山本惣治が社長、ゴーハムが取締役（翌年専務）工場長に選ばれた。

創業時のコンビが、再び難局の指揮を執ることになった。

山本とゴーハムは、GHQの担当将校に嘆願《たんがん》した。

GHQと第八軍の経済産業担当のスタッフがニッサンの事務館を占拠していたのである。

「日本では自動車の製造は許可されてはいない」

担当官の返事だった、二人は繰り返し嘆願を続けた。

日本の迫りくる食糧危機を訴え、自動車の生産再開がいかに重要かつ急務かを説明した。

これなくして我々は座して死を待つ外に生きる途《みち》がないのだ、と。

担当官、GHQ・ESS（経済科学局）の工業統制官バンチング少佐は好意を示した。

「このような大問題はここで直ちに解決することは出来ない。四人の将軍のサインが必要である。」

米軍は直ちに横浜工場を視察。数日後、接収した三工場のうち第一工場（接収面積の十六％）と三つの事務館のうち一号館（現在のニッサンエンジン博物館）の使用が許可された。

バンチング少佐はイリノイ大学、第八軍の経済部長（民政司令官）バラード大佐はユタ大学、二人は産業界出身のエンジニア、ゴーハムを信頼し、何かと相談、自動車生産の再開や賠償指定の解除などに尽力してくれた人達だった。

これらの人達がニッサンの事務館（二号館・三号館）で占領行政を執務をしていたのである。

第一工場が返還されたとはいえ、トラックの生産再開にこぎつけるのは容易ではなかった。

第二、第三工場から機械類をアメリカ軍兵士がブルドーザーで搬入。順序も準備もなくただ移動しただけ、第一工場に何千台という機械が足の踏み場もないほど乱雑に押し込まれた。

機械を再配置し、治工具を整える。

ゴーハム工場長の指揮の下、トラックの生産ラインが稼動したのは二ヵ月後。

不眠不休、全社員が火の玉となって働いた成果だった。

「今は日本が立ち直るかどうかという重要な時期、少々無理なことでもやってもらわねばならない。焼け野原と化した日本の国土、この廃墟を出発点《スタートライン》に技術と技能を磨《みが》き、日本を再生しよう。

今は苦しくとも、これからの日本は世界に出られる、前途洋々なのだ」

「おやりなさい、もっとおやりなさい」

ゴーハムは両手を広げ大声で叱咤《しった》激励した。

「行幸の報が一度会社の内部に傳わるや、我社の新生日本の出発に燃ゆる従業員一同の敢闘振りが、天聴《てんちょう》に達したというので、全員非常な緊張振りを示して、工場の隅々に到るまで活気を呈するに至りました。」（『天皇陛下行幸記録』山本惣治）

昭和二十一年二月二十九日、「天皇の地方巡幸」の第一日。

昭和電工と日産自動車、横浜市・稲荷台《いなりだい》の引揚者の共同住宅などを訪れることになったのである。

地方巡幸は東京からの予定だったが、新聞に情報が漏れ、神奈川県に変更になったのだ。

その第一日、なぜ昭和電工とニッサンが選ばれたのか。

昭和電工は食料増産に不可欠な肥料「硫安《りゅうあん》」、ニッサンは食料の運送に必要な「トラック」。

この二つが、「食糧危機」が迫る敗戦国日本の最重要課題、社員はそう感じていた。

天皇の地方巡幸は足掛け八年、沖縄を除く全国に及んだ。


第一日目が、その後の地方巡幸の日々と異なるのは、「外国メディアの特派員」が大勢同行し取材、その様子が世界に伝えられたことだった。

五月には「極東軍事裁判」が開かれる。

世界中が、「天皇訴追《そつい》」問題に関心が高く、天皇の動向を注視していたのである。

当日、ニッサンの正門に国旗・日の丸が掲揚された。

当時、国旗の使用はＧＨＱから禁止されていた、それ故、これは戦後初めての事例である。

山本社長は、第八軍民政長官のバラード大佐に特別許可を申し入れた、大佐の返答は即OK。

そして「我々、ニッサンに駐在するアメリカ軍兵士、その代表も共に天皇をお迎えしたい」と。

宮内省はこの扱いに苦慮したに違いない。

それまで陛下がお会いになったのは、連合国軍最高司令官マッカーサー元帥ただ一人だった。

宮内省の指示は、「陛下の御前《ごぜん》、約八歩手前の所で敬礼、社長が代表四名を順次陛下に紹介する」

ゴーハム工場長が、四人の代表者に拝謁《はいえつ》の手順を事前に説明した。

第八軍第七十三兵器部長　　スモーク大佐
同　経済部長・民政長官　　バラード大佐
GHQ物資調達部長　　R・A・メイ（戦前の大阪にあった、日本GMの代表

者）
同　国際法務局　　　　　　　　マクミラン中佐

山本社長の会社概要の説明が終わり、ゴーハムと四人の代表が入室。

スモーク大佐は極度の緊張の故か、予定外の行動に出た。

陛下の直前まで進まれたのだ。

陛下は即座にこれに対応、玉座《ぎょくざ》を立たれ大佐と握手。

大佐は、

「進駐以来、言葉は通じないながらもトラブルは無く、ニッサンの人達に非常な協力を得てきた。

第二、第三工場からの設備移動に際し、社員は短期間に機械を再配置し、生産ラインを稼動された。

手際の良い仕事振りと高い技術力、トラック生産の再開と日本の復興への奮闘振りには、唯々驚き、全く賞賛の外にないものだった。」と。

五・六分も、自分の見たままの実情を、山本社長の通訳で具体的かつ詳細に報告した。陛下は幾度《いくど》も頷《うなず》き、何か意を強くした御様子だったという。終わりに握手され「またお会いしましょう」と仰《おお》せられた。

外国メディアはゴーハム工場長を記事にした。

ニューヨーク・ヘラルド・トリビューンは、

「天皇を先導したのはウィリアム・ゴーハム工場長。サンフランシスコ生まれ、二十六年間、日本に在住の工業技術者。帰化日本人、しかし二人の子息は米国に戻り、大戦中は二人共に米国海軍士官、海軍情報部に勤務。戦争の間、ゴーハムは工作機械の製造に従事し、現在はかつて働いていた自動車会社の製造担当役員に復帰している」と紹介した。

日本の新聞記事は、各社同じような記事になる。

独特の敬語と言い回しが決まっている。

誤ると大問題、社の責任、社長の進退にも関係する。

外国のメディアは違う。記者が自分の目で見た天皇像を、自分の言葉で記事に書く。

ユニークなのは最も権威があり、影響力のあった雑誌「タイム」。使用写真は一枚、ゴーハム工場長に先導され、自動車製造ラインをご覧になる天皇陛下のもの。

しかし、あってしかるべき個所にニッサンの記述は何もない。記者が本国の人達に伝えたかったのは、自動車工場のことよりも、天皇と記者との間で起こった小さなハプニングの顛末《てんまつ》だった。

記事の後半、その日の午後の記述はこうである。

『午後は、チーズサンドウィッチと茹《ゆ》で卵を早口に食べ裕仁はまた出かけた。引揚者用の共同住宅で、薄汚れた部屋から部屋へと、彼が茶色の靴で廻る姿が見て取れた。

彼は、義肢《ぎし》（注・「恩賜《おんし》の義肢」）を入口に立て掛けてあった遺族の母子に目を留め、その妻に、

「どこで、ご主人は負傷したのか」

「フィリピンです」

「アッソウ」と天皇は言った。

「フィリピン、アッソウ……子供たちもいるのね、苦労をかけた、ここは少し寒いが、でも、もうすぐ暖かくなるから、早く元気になってね」と、女性は泣き出した。裕仁は当惑し、その場を離れた。

(午前中、ラジオで全国放送された天皇の声は「アッソウ」の一語のみだった。)

横浜市役所の屋上で、天皇は破壊された街に目を瞬《しばた》き、双眼鏡で横浜港の辺《あたり》を見つめていた。

彼をアメリカ人の写真家達が取り囲んでいた。

彼がその場を立ち去りそうな気配を感じ、私は階段の所に移動した。

何故か同時に、天皇もそこに来た。

わたしは後に退いた。裕仁も後に退《しりぞ》いた。

私は「どうぞ」と言った。

暫《しばら》くして、また二人は出くわし、同時に歩みを止めた。

心配した副官がお辞儀をし、階段の方角を白い手袋をした手で指し示した。

「いいえ、私は陛下の前を歩くことなど出来ません」と私は言った。

裕仁は無表情だった。

「どうぞ、もしお望みならば、貴方の方がお先に」暗い顔付きの陛下に代わり、副官が告げた。

私は「神の御子《みこ》」の前を、ゆっくりと歩き階段を降りた。

私が階段の下で待っていると、天皇は前を歩きつつ、私に「サンキュー」と言った。

堀を越えてから七時間後、裕仁は宮殿に戻った。その日はそれ以前の日々よりも、彼は面目を失ったと少数の人達は言うだろう。

しかし、殆どの人達は天皇の新しい戦術を嬉しく思ったのだった。

裕仁は、彼が成しつつあることの意味を知ったのである。』

「なんだいったい、これは……」

私は国会図書館の閲覧室、タイムのバックナンバーを前後、左右に読み比べていた。

「あっ、言葉が違う、言葉の輝きが違うのだ。」

この日を境に、タイムの誌面からは「二つの言葉」が消え、「二つの言葉」が生まれていたのだ。

消えた言葉はＪＡＰ《ジャップ》とＪＡＰＳ《ジャップス》。

新しく生まれた言葉はＪＡＰＡＮ《ジャパン》とＪＡＰＡＮＥＳＥ《ジャパニーズ》だった。

「ジャップ」とは憎しみの相手、不倶戴天《ふぐたいてん》の敵《てき》、親の敵《かたき》、犬畜生《いぬちくしょう》、ネズミ・ゴキブリの仲間……。

Ｗ・Ｆ・ハルゼー海軍大将、南太平洋方面米国海軍司令官の
「日本人を殺せ、日本人を殺せ、もっと日本人を殺せ（キル・ジャップ、キル・ジャップ、キル・モア・ジャップ）」は、米国民と前線兵士との憎《にく》しみと恨《うら》みの合言葉だった。

一九四五年六月二十九日のギャラップ調査では、

「天皇を殺せ、拷問《ごうもん》し餓死《がし》させよ。終身刑を科し、天皇を中国へ流刑《るけい》せよ……。」
七十七％の米国民が、天皇の処罰《しょばつ》・処刑《しょけい》を要求していたのである。

そんな米国の世論の潮流を反転させたのは、あの日のタイム の記事。
タイム特派員、R・ローターバッハ記者への「サンキュー」、天皇の一言だったのかもしれない。

記者は記者であって記者ではない、記者はアメリカ市民の代表者なのだ。
あの「サンキュー」はもしかして、もしかして天皇、日本国民の代表者からアメリカ市民に対する、何か大切なメッセージだったのかも知れない。ふと身の震《ふる》えるような啓示を感じ、ローターバッハ記者はゴーハムの紹介文を削除、急遽《きゅうきょ》二人のハプニングの記事と差し換えたに違いない。

その日、帰られてからのご様子について『背広の天皇』（甘露寺受長）はこう書いている。

「はじめての地方巡幸からお帰りになったとき、陛下のおぐしは乱れ、お服の衿もとから肩にかけて土埃《つちぼこり》がうっすらと積もっていた。

お出迎えになった皇后さまが、思わずそれをおっしゃると

陛下は『もうこんな時代ですよ』とうれしそうにおっしゃっておられた。」

昭和天皇の八十八年、激動のご生涯、二つに折ると四十四。

戦争から平和へ、現人神《あらひとがみ》から人間へ、対照的な前半生と後半生。

その日は折り返し点《ターニングポイント》、昭和天皇の後半生の始まり、そのスタートの日だった。

六・四　帰化日本人、多摩霊園に眠る

戦後の再建がようやく緒についた昭和二十二年の春、ゴーハムはニッサンを離れることになった。山本社長が「公職追放《パージ》」になり行動を共にすることにしたからである。

山本社長は東京外語大の出身で英語は堪能、占領行政にも協力的であり、接触も多い。GHQは山本社長を追放リストから除外する意向だった。

しかし、これを知った労働組合が動き出す。

臨時大会を開催、山本社長の解任動議を提案。賛成六九三五票、反対六十三票で可決された。

組合長の益田哲夫は「解任決議」をGHQに提出した。

ニッサンの組合を「左翼戦線の前衛」にするためには、手強《てごわ》い経営陣は邪魔だったのである。

組合員は自分達の意志で、まだ冬の荒海の航海の途中に、勇敢な船長（山本社長）と七つの海を熟知した航海長（ゴーハム専務）を下船させてしまったのだ。

公職追放の実際は、企業規模による、資本金一億円以上で線引きされていた。

ニッサンの資本金は一億円、トヨタ自動車は九四三九万円だった。

この僅かな差と違いが、それからの両社を明と暗に分けることになった。

トヨタは豊田喜一郎、石田退三、大野修二、神谷正太郎など首脳陣が無傷で残り、ニッサンは山本社長の他に、専務・大竹正太郎、川端良次郎、常務・前田勇も公職追放になった。

ニッサンの新社長には日本油脂出身の総務部長、箕浦多一が昇格し就任。

経営陣の空白を埋めるため、日本興業銀行からやって来たのが、広島支店長の川又克二だった。

尊大で傲慢《ごうまん》なところが銀行では嫌われ、同期の中山素平《そへい》に出世は大きく遅れた。

しかし、人生わからない。自動車会社では、短所が反転、彼の長所となった。

弱気、逃げ腰の経営者に代わり、過激な組合の要求に、一歩も引かない強気《つよき》・強面《こわもて》の交渉役、川又は「ニッサンの鬼」会社の救世主となった。運が巡り、人生ツキだしたのである。

川又は、後に歴史に残るニッサンの一〇〇日争議に勝利し社長になる。

高度成長にも恵まれ、社長十六年、取締役会長十二年の長期政権。

取締役会では、一人マイクを握って離さず、ワンマンとも川又天皇とも呼ばれた。

昭和三十七年三月、追浜工場の竣工式。労使相互信頼の碑と、時の経営者の像が披露された。

原野に鍬を入れた祖先の肖像も、横浜に自動車工場を建設した創立者の胸像もないこの会社に、

「自《みずか》らを以て古《いにしえ》となす」、
社長就任五年、川又克二五十七歳、これはおごりの春の記念碑になった。

川又の長期政権を支えたのは、労働組合、塩路一郎自動車労連会長ともちつ凭《もた》れつの二人三脚。

爾来《じらい》、「労使の癒着《ゆちゃく》により生まれた妖怪《ようかい》が百鬼夜行《ひゃっきやこう》、この会社の職域と地域の昼・夜を支配するようになった」といわれている。

その追浜工場の近くに史跡・「夏島」があり、ここで伊藤博文が明治憲法草案を起草した。

昭和になり周辺海域が埋め立てられ、「追浜海軍航空隊」の飛行場になる。

源田実など腕自慢のパイロット達が、日夜、海軍の試作機の試験飛行をしていた所である。

実践さながらに極限まで性能を追求した危険なテスト飛行、よく事故が起きたという。

テストの前夜には、航空司令が出席し、壮行の宴が設営された。

当時、航空司令のいた建物と衛門の側にあった二本のヒマラヤ杉は今も残っている。

昭和二十三年から三十三年、米軍の自動車再生工場、「富士自動車」がここにあった。

社長は公職追放《パージ》になってニッサンを離れた山本惣治、副社長はウィリアム・ゴーハム。

二人のコンビがまた復活する。

太平洋戦争、破損し戦場に放置されたままになっていた大量の米軍車両、ジープやトラック。

その数は二〇万台とも言われた。

再生するには技術員と熟練した作業員が必要となり、東南アジアでは日本以外に候補地はなかった。

進駐軍から「事業として可能かどうか、YESかNOで答えよ」と迫られ、山本は即座に「出来ます、破損自動車の修理は可能です」と答えた。

満州自動車時代、ノモンハン事変で破損した陸軍の車両を解体・再生した経験があったからだ。

また山本が、ニッサンから満州に引き連れていった部下達が復員《ふくいん》してくる、その人達への仕事の世話で日夜頭を悩ませていた。それも一挙に解決できるのである。

追浜航空隊の飛行場跡地、六〇万坪に自動車工場が建設された。

機械・設備が配置され、コンベアが引かれた。建設の指揮を執ったのはゴーハムである。

LSD（上陸用舟艇《しゅうてい》）により海上に運ばれてくる破損車両は、工場で解体、部品にバラされ化学洗浄。

スクラップに回るのは二〇～二十五％。

気化器、タイヤ、バッテリー、配電線など数千点が日本で調達された。

部品メーカーにとって、支払い遅延も単価の引き下げもなく、儲《もう》けの厚い良い仕事であった。

そして、何よりもプラスになったのはアメリカの「管理技術」を実地に勉強できたことだった。

敗戦、日本人は誰もがＢ29の大編隊、アメリカの「物量」に負けたと思った。

その主役はデトロイト、ビッグスリーは自動小銃から戦車までも生産する兵器廠になっていた。

一日十八機、月産五四〇機、戦争が終わるまで八．八〇〇機、
フォードのウィローラン工場は爆撃機Ｂ24を流れ方式で生産していたのである。

戦時中、格段に進歩したのは管理技術、量産技術が人体の骨格とすれば神経組織に相当する。

後にデミング博士が日本の産業界に指導した「品質管理」は、その代表例である。
戦後、日本はアメリカ式管理技術に、日本的な創意を加えて、世界一の工業製品を作り上げていく、

富士自動車に部品納入していたメーカーは、その第一期研修生だった。

富士自動車で再生した米軍の車両は、十年間で二十三万台近くになった。

昭和二十三年から十年間の、日産・トヨタ・いすゞの普通車生産台数の合計が約三十三万台。

従業員も二千人、四千人、六千人と増え、最盛期は日産・トヨタと同規模の九千人に達した。

朝鮮戦争が勃発したのである。北朝鮮の奇襲攻撃に、朝鮮海峡近くまで追い詰められた米・韓の国連軍、その主力は日本に進駐していた米第八軍だった。

マッカーサー元帥の指揮による仁川上陸作戦、国連軍が反撃するが、原動力の一つが富士自動車、戦場での大量の破損車両を素早く再生し、最前線に送り届けたことにある。

占領期が終わり、昭和三十三年、富士自動車は役割りを終え閉鎖となり、

三十六年その跡地にニッサン「追浜工場」の建設が始まり、追浜海軍航空隊、航空指令のいた建物はニッサンの「中央研究所」になった。

富士自動車の創業、ゴーハム副社長の仕事は激務だった。

しかし、彼は人生に残された時間を惜しむかのように、昭和二十三年十一月、「ゴーハム・エンジニアリング」を設立、休日と夜の時間をその活動にあてた。

日米に二度と不幸な戦争を起こさないために、ゴーハムが考えに考えた末の結論だった。

たとえ憎しみの心が双方に生まれても、銃を取り互いに殺しあうことを防ぐ「仕組み」を作る。

それはもっと、もっと多くの「技術の橋」を二つの国の間に架けることだった。

設立一年、顧客は、萱場《かやば》工業、日本発条、矢崎電線、ブリジストンなど三〇数社を数えた。

最初の顧客となった「キヤノンカメラ」（当時、精機光学工業）の例を紹介しよう。

昭和八年十一月、創立者の内田三郎は、

山口高校の先輩、鮎川義介の「資源の乏しい日本では頭脳と高度の技術を要する事業にこそ目を付けるべきだ」という言葉に触発され、「ライカに負けない国産高級カメラの製作」に踏み切った。

太平洋戦争、内田はシンガポールの市政官に、取締役の御手洗毅《みたらいたけし》が後任社長になり、終戦を迎えた。

御手洗社長は心境を「キヤノン史」に述べている。

「さて、これから、どうしたらよいのだろうかと、つくづく考えてみたときに、結局のところ、日本は物量で負けたのだ。頭脳の差で負けたのではない。その証拠に、日本は零式戦闘機というものがあって進駐軍もこれをつぶさに見て、その優秀さに舌をまいたということだ」

しかし、ライカ、コンタックスの名声は高く、ブランド力には大きな差があった。

御手洗は北大医学部出身の産婦人科医、技術について信頼できる相談相手が欲しい。

知り合いの満州投資証券社長の三保幹太郎に相談、紹介されたのがウィリアム・ゴーハムだった。

ゴーハムは工場を診断し、「キヤノンカメラはワンダフル」と絶賛した。

「新しい機械を買い入れるのではなく、今ある設備を改善し、活かすことが急務です」

御手洗社長はこの言葉に意を強くした。


ゴーハムが指導したことは、モノづくりの基本だった。

第一はデイリー・プロダクション（毎日均等生産）。

日本人には、期限が迫り、追い込まれないと頑張らないという職人気質があった。

しかし、最後の数日に追い込みをかけるこの方式では、毎日の生産量にムラができ、製品の質にバラつきができる。カメラのような高級品には適さない仕事の仕方だった。

ゴーハムは、工程を改善し、デイリー・プロダクションが常態となるまでに至った。

第二は製品検査の独立。検査部長は生産責任者の工場長の部下から社長の直属に変った。

これは人情の機微に触れた卓見として、御手洗社長はゴーハムの意見を採用したのである。

また、ゴーハムは知り合いのアメリカ人にキヤノンを熱心に紹介した。

米軍のＰＸ（酒保）では帰国する兵士達が日本占領の記念にキヤノンを買い求め、朝鮮戦争、取材に来日した米国の記者やカメラマンもキヤノンカメラを絶賛したのである。

ゴーハムは、医師であり経営者の御手洗社長を深く信頼し尊敬、二人は師弟というよりかけがえのない友人として家族ぐるみの交際を続けていた。

昼は富士自動車の副社長、ゴーハム・エンジニアリングの仕事は休日や夜間になった。

訪問客があると、非常に喜ばれて、いつでもウェルカムだった。

技術の話しになると上機嫌、夜遅くになろうとも少しも苦にされなかった。

訪れた人達には、ヘゼル夫人がココアと手作りのクッキーを出してくれた。

甘い物を口に出来なかった時代、これは大きな楽しみだった。

このクッキーは十二月、クリスマスの三日前になると、ゴーハムが日本人家庭にも届けていた。

とんでもない大男の外国人が大きな風呂敷包みを背負い、夜日本人の家庭を訪れた。家人や子供達には驚きだった。風呂敷は魔法の玉手箱、缶詰・石鹸・子供の衣服と靴下・お菓子など、ゴーハムが米国人の知人から頂いた品々と夫人手作りのクッキーが現れたのである。

ゴーハムはサンタクロースの代役も務め、日本の子供達にクリスマスの夢を届けていたのである。

昭和三十五年、江戸幕府が派遣した威臨丸が太平洋を渡りサンフランシスコを親善訪問してから百年目であることを記念し、日米協会（会長・石坂泰三）が主催し、日米修交百年記念行事が催された。

この催しで日米親善に功績のあったアメリカ人、一八六人が顕彰された。

ペリー提督、マッカーサー元帥、札幌農学校のクラーク博士などである。その中に、ウイリアム・ゴーハムとヘゼル・ゴーハムの名があった。夫は工業技術者、妻は日本芸術研究の分野である。夫と妻が異なる分野で共に選ばれたのは、ゴーハム夫妻だけというのがヘゼル夫人生涯の誉れであった。

ヘゼル夫人の父は牧師、母は画家、夫人はアイビーリーグの名門ブラウン大学で美術史を専攻、大学が男女共学となった頃の第一期生である。美術についての素質と素養が豊かだった。

大正八年、夫と共に来日。夫人は日本の自然の美しさと日本人の心優しさに魅せられてしまった。そして、日本の伝統文化の素晴らしさの虜《とりこ》になった。

日本の伝統文化、どれもがヘゼル夫人を魅了したが、中でも草花を野にあるまま生活《くらし》に取り入れた「活花」、日本各地に残る伝統の人形と陶器、庭園の美しさだった。

高価な美術品よりも、自然と共に生きる人々の暮らしや、さりげなく生活の中に使われている工芸品に、日本人の精神の豊かさを感じていた。

日本人は東洋の野蛮な民族ではない。自然を愛し、自然と共に生きる、心温かな人達なのだ。

このことを、米国市民に広く伝えたい。

戦争は双方の「小さな誤解」から始まる。利害が絡み、憎しみの心が生まれ、ついには銃をとり互いに殺し合い、そして多くの若者が戦場に死んでいく。

アメリカと日本、二つの祖国はこのような不幸を二度と繰り返してはならないのだ。

二つの国は歴史や文化、その素晴らしさを相互にもっと理解し合わなければならない。

華道の専門書ではなく、この一冊さえ身近にあれば、独学でも基本から応用まで、日本人の心の文化、華道をマスターできる教本《テキスト》を作りたい。

哀しみの軽井沢、庭の草花の写生に自らを慰めていた夫人の心に、そんな思いが浮かんでいた。

手すき、上質の和紙を使い、自らの挿絵を入れた美しい装丁、『活花のマニュアル』(Manual of flower arrangement)は、そんなヘゼル夫人の祈りから生まれた本なのだ。

ヘゼル夫人は、戦後、学習院と青山学院で英語の教師をされていた。教室ではテキストを教えるだけでなく、折に触れ日本の伝統や文化を教材に取り上げ、次代を担う敗戦国の若者達に日本人であることの誇りと歴史の大切さを語りかけた。

ヘゼル夫人の日米の架け橋、第二の舞台は「東京婦人クラブ」（TOKYO WOMENS CLUB）、美術主任としてだった。

東京に住むGHQ将校、外交官、特派員の夫人達を相手に、日本の歴史と文化を解説、活花を手ほどきし、米国とは異なる天皇制、日本社会の仕組みと人々の生活《くらし》について講演をした。

当初、夫人の祖国アメリカへの忠誠心に疑問を挟むメンバーもいたが、ヘゼル夫人の学識と信仰、戦争中の苦難の日々を知るにつれて、誰もが畏敬し、次第に敬愛の念を抱くようになった。

無謀な戦争をはじめ敗戦国となった日本、広島・長崎の悲劇、沖縄の戦禍。しかし世界史の中では、日本は最も恵まれた敗戦国だったのかもしれない。

その理由は、当時のアメリカが豊かで自信に溢れ寛容な時代だったから、といえるだろう。

そして、ヘゼル夫人や東京婦人クラブの教え子、婦人達の影響力についても忘れてはならない。

GHQの高官たちも妻の意見、夫人の助言を無視・軽視できないからだ。

マッカーサー元帥は、日本では最高権力者。しかし本国には彼を解任できる大統領がいる。

民主主義の国では大統領、彼とて絶対者ではない。世論を代表するマスメディアと、建国以来の上流階級、WASP《ワスプ》の女性達がアメリカ社会に大きな影響力を持っているのである。

『ニューヨーク・ワスプ』(オーウェン・エドワーズ）にアメリカの支配階級、上級WASP《ワスプ・エリート》の条件が紹介されている。新聞の社交欄に登場する人達である。

「家系では少なくとも片方の親が建国以前の移民であること。独立宣言にサインした家族

（十三州代表五十六人）ならばなお良い。母か祖母が画家、又はクリスチャン・サイエンスの信者であること」

ゴーハム家は、典型的なワスプ・エリートなのである。

「クリスチャン・サイエンス」は、一八七九年にメアリー・ベーカー・エディがボストンの地に創始したプロテスタントの一宗派、創始者が女性、それ故、ボストン・ニューヨークの上流社会、女性に信者が多いのが特徴だった。

機関紙、『クリスチャン・サイエンスモニター』はアメリカ社会の指導層《トップ・エリート》を読者に、政治・外交政策にも大きな影響力を持つ高級紙《クオリティ・ペーパー》、日本に特派員を派遣、東京・京橋、明治ビルにオフィスがあり、後にライシャワー大使夫人となる松方美代さんも働いていた。

彼女も彼女の母もクリスチャン・サイエンスの信者だった。

ヘゼル夫人は女性寄稿家の一人、日米の架け橋、ここが第三の舞台となった。

ゴーハム夫妻は今、東京多磨霊園（二十四区一種十一側十四番）に、日本人として眠っている。

墓は自然石を配したごく簡素なつくり、古寺の枯山水を思わせる二人だけの永遠の住まい。

日本の美しさと日本人の美意識を形にしたヘゼル夫人の作である。

ゴーハムは昭和二十四年十月二十四日逝去。診断書に書かれている病名は萎縮腎。子息、ダン・ゴーハム氏によれば、この世での最後の言葉は、「神への祈りと日本への感謝であった」という。

藤田稔《みのる》氏、中学・高校が成城学園でダンさんと一緒、大学は九州大学工学部に学ぶ。今もダンさんとは兄弟のよう、来日の折には必ず成城の藤田宅に泊まっている。

藤田さんは戦後、ゴーハムエンジニアリングでゴーハムさんの秘書兼助手として働き、その後、「梁瀬自動車（ヤナセ）」の役員になられGMを担当、品質管理のデミング博士をもご存知だった。

「ゴーハムさん、デミングさん、私は二人を尊敬しています、二人はとても似ているのです。

心から日本を愛し、その半生を日本のために捧げられました。

ゴーハムさんが亡くなられ、代ってデミングさんが来日いたしました。

『地にはおだやか、人には恵《めぐ》み』

神の福音を伝えるかのように、二人は日本の復興に尽力されました。

一点の曇りのない清冽《せいれつ》なお人柄、本当にすばらしいお二人に日本は指導を受けたのです。」

ゴーハムさんは私に繰り返し言ってました。

『手を油で汚してますか、立派な技術者になる道は油で手を汚すことです。』と。

葬儀が終わり、藤田さんはヘゼル夫人に呼ばれ、

「藤田さん、ご結婚を考えてもよいお年頃ですね、家を作りませんか。

ここに使うあてのない三〇万円ございます、石橋さんから頂いたお香典です。

少しずつ返していただいても、返していただかなくともよいのです。

ご遠慮なく、藤田さん、家を作りなさい。」

「私は拝借、家を造り結婚、必死に働きお返しいたしました。」と。

ブリヂストンの石橋正二郎氏は成功された実業家、しかし敗戦で朝鮮・台湾の工場を失い、内地の工場は戦災を受け、会社は再建の途上、労働争議とインフレーション、経営は苦しかったはず。

三〇万円の支出は熟慮の上の決断だったに違いない。

東京・成城学園の土地と建物、今ならば億の金額になる。

日本工業の再生に殉《じゅん》じた夫、異国に一人残された心清らな妻、せめて、これからの生活《くらし》の支えになればと、香典を包まれたのだ。

「ゴーハムさんの死後、身寄りがなく一人暮らしのヘゼル夫人、その相談にのり物心両面、心尽くしの御世話をなされていたのはキヤノンの御手洗毅社長です。」

藤田稔さんは、石橋正二郎、御手洗毅、戦前と戦後の日本を代表する二人の経営者、日本の工業の森の奥、二つの清らかな泉の流れに私を案内してくれた。

七　片山豊

七・一　その日、ダットサンがオフライン

片山豊がニッサンに入社した昭和十年四月、その十二日に横浜工場の組立ラインからダットサンがオフライン。鮎川社長以下、外人技師、幹部社員がラインサイドに並び第一号車の誕生を祝った。

会社生活のスタートが、ダットサンの記念すべき日に重なったことに、片山は何か自分とダットサンとの絆《きずな》、運命的な出逢いを感じていた。

「工場を歩きなさい。現場の人達と知り合いになりなさい。」

上司、販売主任（課長）、内田慶三の指示だった。

工場で働く人達は若く、欧米に負けない最新の工場に誇りを持ち、きびきびとした動作で、自動車を造る喜びと緊張感が漲《みなぎ》り、機械や工具もよく手入れがされていた。

工程図や生産スケジュールは英語で書かれ、それが片山にはとても新鮮に映った。

会社の役職には部長・係長がなく課長職の主任のみ。

組織はフラットで職場の人達は明るく、自由な雰囲気に満ちていた。

片山はすぐに現場の人達と仲良しになり、機械の操作や自動車の製造工程を学んでいた。

新入社員の第一の仕事は見学者の工場案内、先輩のやり方を学ぶことから始まった。

例えば、鮎川社長の銀行幹部への工場案内はこうだった。

自ら、ハミルトンの大型プレスを始め、ご自慢の本邦初《ほんぽうはつ》「型彫機《ダイシンカー》」の性能を詳細に説明する。

そして見学終了に当たり、こう結論を言う。

「日本は道路が狭いから小型車の方が便利だ。

日本人は身体が小型ゆえダットサン程度で十分だ。

日本は石油が出ないからガソリン消費の少ない車を使うべきだ。

ダットサンは鋲《びょう》一本まで数えると一万点の部品から成り立っている。手先の器用な日本人の工業に適しているから、外国車に決して負けない。これは必ず成功する事業だから、金を出しなさい」、と。

当時、金融界の常識、銀行員共通の合言葉は、

「機屋《はたや》には貸しても、鍛冶屋《かじや》には金貸すな」

だった。

鍛冶屋（機械工業）は、危険が多く融資はお断りだったのである。

中でも「自動車の歴史は赤字と倒産の歴史、最も危険」と相場が決まっていた。

その潮流を変え、自動車工業に投資の道を拓《ひら》いたのは鮎川だった。

新入社員の仕事は雑用係、その中で片山は、今でいう広報・宣伝の仕事に興味を感じていた。

仁丹、花王石鹸、福助足袋、龍角散などが、花柳界の「口《くち》コミ」を有力な媒体《メディア》としていた頃である。

・銀座の「ダットサン・ショールーム」の開設。
・ユーザーへの情報誌、「ニッサングラフ」の発行。
・松竹少女歌劇へのダットサンの登場。
ニッサンの宣伝活動は、時代の水準を超えたモダンで斬新なものだった。

「ダットサンを売るには、医者、弁護士、自営業主の家庭を直接訪問して、その家の奥様方に直接働きかけることが有効だ。」

担当役員、久原《くはら》光夫（久原房之助の長男）のアドバイスがあった。

ミス・フェアレディの元祖、ダットサンのデモンストレーション・ガールのお世話一切が片山の仕事になった。教養ある清楚な女性を四人公募、自動車の運転、礼儀作法と販売のマニュアルを教えた。

家庭を訪問し、夫人に試乗していただき、興味を持ち始めたら免許証を取るお手伝い。次にダットサンを購入していただく、という手順である。

「マーケットリサーチ」という言葉が、日本のマネジメントに普及したのは六〇年代、ドラッカーの『現代の経営』がベストセラーになってからのこと。

ニッサンでは、その二〇年前の昭和十二年、全国の市場調査《マーケットリサーチ》がなされ、その記録が残っている。

片山の担当は、東北四県、秋田、青森、岩手、宮城だった。

どういう人達が買うのか、職業別紳士録で税金を千円以上納めている人をピックアップして調査。

車の保有台数のデータは県庁が保管、しかし戦前、自動車は兵器、「軍事機密」、教えてはもらえない、販売店を廻り数字を集めるなど、言葉には尽くせない苦労の連続だった。

この調査を基にダットサンの販売目標が決められていたのだ。


昭和十一年、日中戦争直前のつかの間の平和、日本中を熱狂させた二つのスポーツがあった。

一つは相撲、関脇・双葉山が五月場所で全勝優勝、双葉山の六十九連勝が始まった。

双葉山が勝つと座布団が舞い、サイダー瓶、ビール瓶も投げられ、観衆は総立ちに。

双葉山の勝つところを見たさに、ファンは国技館に列をなし、高価だったラジオ受信機も飛ぶように売れ、国民は相撲の実況放送にかじりついた。

もう一つは新顔のモータースポーツ。報知新聞社主催の第一回「多摩川レース」。多摩川スピードウェイは東横線・多摩川河川敷に全長一二〇〇m、本格的な常設レース場だった。

第一回の六月七日は、五種目、参加車三十五台、国産小型車部門にはダットサン四台とオオタ二台が参加、しかしダットサンの惨敗に終わった。

小林彰太郎氏の労作「ダットサンレーサー覚書」によれば、ダットサンは生産車をベースに素人が軽度にチューンしたもの、オオタは太田祐雄・祐一父子の設計になるワークスカーだった。

観衆の中に、家族を連れ観戦する鮎川社長の姿があった。

ダットサンの初期生産から、ロードスター、クーペ、フェートンといったスポーツタイプを加え、自動車レースにかける熱意には並々ならぬものがあった。

「秋の次回レースには、何としてでもオオタをやっつけろ。レース車を期日までに完成させるためには生産ラインを停めることも辞せず」。

鮎川社長は激怒し、厳命が下った。

レースの責任者は後藤敬義、エンジンの主務は川添惣一、車体は富谷龍一、シャシーは田辺忠作。

組立工場の一隅に、紅白の幔幕《まんまく》にしめ縄を張った試作場ができ、日に夜を継ぐ突貫工事。約四ヶ月という記録的短期間に、ＤＯＨＣ・スーパーチャージャー付アルミボディーの「ダットサンレーサー」、二台が完成した。

全社員の熱い思いと祈《いの》りが凝固したものだった。

レースの大敗によりダットサンは評判を落とし、会社は大ピンチに見舞われていたのだ。

「とに角、在庫がぐんぐん増え、毎日首切りがありました。」

「昨日は三十名、今日は五十名、明日は私かと毎日ビクビクしていたものです。」

ニッサンニュースの創刊号の座談会で、川島治男、山本亀雄両氏は工場の暗い日々、昭和十一年の夏頃の様子を語る。

在庫は推定で約一〇〇〇台、これは生産二ヶ月分の滞貨であった。

「絶対に勝たねばいかん。ニッサンの為にこの一戦は生命を擲《なげう》ってやってくれ。」

責任者の専務・渡辺十輔は壮行会、涙ながらに激励の辞を述べた。

チームの責任者は呂畑正春、ドライバーは加藤一郎、安斎平八郎、大津健次、河野常治、川島政雄、宇野軍司。

片山豊もチームの一員、レースの準備から敵状《てきじょう》の分析まで後方支援の一切を担当した。

レースの翌日、昭和十一年十月二十六日の報知新聞は「三萬人の観衆、大熱狂、多摩川畔のスピード・スリル・商工大臣杯はニッサンの安斎平八郎氏に」と報道した。

翌十二年、日中戦争、世は戦時体制に、多摩川レースは中止になった。ダットサンレーサーは、再び観客の前にその勇姿を現すことはなかった。このダットサンレーサーは横浜の従業員養成所に保管されていたが、昭和二十年五月の横浜大空襲で消失した、と言われている。

昭和十四年、「満州自動車」が創立、山本惣治が理事長、上司の内田慶三と、片山も転勤となった。

満州に工業を興し、産業を整備する。満州産業開発五カ年計画の中核、自動車工場の建設である。

ドイツのＫＤＦ（後のＶＷ）生産のウォルフスブルグを範とした壮大な自動車都市が、朝鮮との国境、安東に計画された。

片山の仕事は都市計画の作成、クラブハウスを中心に、住宅と学校、郵便局、病院を配置した。

青写真は出来たが、一番のネックは資材の調達。石油や石炭、セメント、レンガに至るまで、使用と用途に軍の許可が必要であった。奉天の関東軍の倉庫に日参、参謀に頭を下げるのが仕事になった。

軍による物資の統制、実態は無駄が多く、非能率そのものだった。

片山が満州の実態に失望し、絶望するのに時間はかからなかった。

軍人達は横柄で横暴、駅や街中で目にする日本人、現地人への態度は粗暴で乱暴だった。

「五族協和、王道楽土」

理想と、片山の目にする現実は遠くかけ離れたものだった。


外国から資本と技術を入れ、鉄鋼から部品工業まで満州に骨太の自動車工業を建設する。鮎川の計画は幾度となく挫折し、自動車都市計画はその都度、縮小された。

片山の自動車都市計画も次第に痩せ細り、貧弱なものになっていた。

満州に実現した安東の自動車工場は、日本フォード、横浜の組立工場《アッセンブリーライン》を移設したに過ぎなかった。

日産自動車本体の移転も構想されたが、経営陣も商工省・軍部もこの計画に反対、鮎川は断念した。

もし実現していたなら、ニッサンの戦後はなく、敗戦と共に、設備は北に運ばれ、社員は全員シベリア抑留になっていたに違いない。

「満州にはもう耐えられません、私を日本に戻してください、私は帰ります。」

覚悟の上、上司の許可のない満州離脱。片山は満州自動車の東京支社に戻り、終戦の日を迎えた。

「彼は何か不思議な翼《ウイングス》を持つ男、将来のニッサンに必要な人材」。

上司は目を瞑《つむ》ってくれたのである。

七・二　戦後の暗い夜空に輝いた一番星、ダットサン・スポーツ

終戦、満州自動車の社員は横浜の「日本造船」に集まり、残務整理をしながら再出発に備えていた。

日米の太平洋戦争、戦場は大陸から南海の島々に移り、戦争の主役は飛行機と艦船に変わった。

南太平洋・ソロモン沖の海戦、日本海軍を悩ませたものは、島影から突如現れ、奇襲攻撃する小型高速艇、ケネディ大統領が海軍士官として乗りくみ艇長だったＰＴ１０９、あの魚雷艇である。

日本海軍の戦略と戦術は大艦巨砲主義、小型魚雷艇は陣容になく、急遽生産が決まった。専用エンジンを開発する時間がない、トラック用エンジンを転用し、二機搭載。

一番の難題は鉄材の不足だった。

お寺の鐘、校庭の鉄棒を供出しても焼け石に水、

この会社で実際に造られたのは木製合板の魚雷艇、「震洋《しんよう》」。

沖縄防衛・本土決戦の秘密兵器、
舳先《へさき》に二五〇kgの炸薬《さくやく》を積み、敵空母に体当たり攻撃する特攻兵器だった。

昭和十八年十月二十一日、雨の神宮外苑競技場。

祖国のため、校旗を先頭に雨の中を行進する出陣学徒達。

日本の若きジークフリート達は、楯《たて》もなく剣《つるぎ》もたずに木の舟で、龍を退治に河を下って行った。

思いや夢を語り、胸を熱くすることもなく、
映画にもならず、歌にうたわれることもなく、夜の南の海原に散っていったのだ。

靖国神社の遊就館、目にした彼らの遺書や遺品、家族への手紙……。

片山は、彼らの無念さに涙し、ひとつの思いに至った。

「彼らの思いを自分の思いとして継承《けいしょう》しよう。」

東京・日本橋のデパート「白木屋《しろきや》」、戦中・戦後のある時期、ニッサン（当時の社名、日産重工業）の本社がここにあった、このビルの管理会社が満州投資証券（三保幹太郎社長）。

鮎川義介の日本に於る活動の本拠、田村町にあった日産コンツェルンの本社「日産館」が海軍軍令部に接収され、ここに強制移住になったのだ。

片山は、戦災に焼け残ったこのビルの同じ三階に、不思議の国の人達がいたことを覚えている。

明日に夢がなく今日にのみ生きていた時代、その部屋から笑い声が聞こえていたのだ。

理科教室のように、作業台があり部品が並べられ、何かを組み立てている。

「東京通信研究所」、男七人と女性が一人、短波のラジオを作っていた。

二十一年五月、「東京通信工業株式会社」と社名を変更。

「自由豁達《かったつ》ニシテ愉快ナル理想工場ノ建設」

を設立趣意書に掲げた、

現在の社名がソニーである。

三保幹太郎は日本蓄音器《にほんコロンビア》の社長として、鮎川の電波工業、テレビジョン進出構想を担っていた。

事業は人なり、将来必要となる優秀な人材の確保を忘れなかった。

三保はテレビジョンの権威、早稲田大学理工学部、山本忠興教授門下の俊英、神戸一中の後輩、井深大に注目、戦時中の長野県須坂《すざか》の疎開《そかい》工場、日本測定器時代から支援を続けていた。

戦後上京、相談に訪れた井深に三保は、

「これからどうするのだ、それなら金も要るだろう、事務所は白木屋を使いなさい」、と。

終戦から六〇年、多くの会社が生まれたが、その多くは卵のまま孵化《ふか》することもなく終わった。

孵化し雛《ひな》にかえっても大空へ飛び立つ前に、世の寒さとひもじさに幼い命を落としていった。

鮎川の満州は槿花《きんか》一朝の夢、露と消え後世に何にも残さなかった。

しかし、幸福な偶然により戦後のある時期、ソニーの孵化器の役目を果たしていた。

これは、ダットサンとソニーとを繋ぐ、奇跡の紅《あか》い一本の糸のように思える。

白木屋から東急デパート・日本橋店に、そして今は若者に人気のスポット「日本橋コレド」。

その三階にソニーショップ、「Serendipity」がある、「幸福な偶然《セレンディピティ》」。

ここはソニーの「根《ルーツ》」

井深大と七人のメンバーは、このビルの三階で自由に世界の大空を羽ばたく「翼《ウイングス》」を整えたのだ。


自動車評論家の徳大寺有恒氏は「ぼくの日本自動車史」にこう書いている。

「ぼくがおやじからもらったダットサンで水戸近郊を彷徨《ほうこう》していたころ、わが水戸の街にはダットサン・スポーツが一台だけあった。色はボディーがアメ色、フェンダーが黒というしゃれたツートーン。一九五二年に登場したダットサン・スポーツは、日本自動車史上スポーツと名乗った最初のクルマであった。こいつはとても重要なことだ。たとえ860ccのサイドバルブエンジンで、とことことしか走れないとしても、そのダットサン・スポーツが戦後の水戸の街を走っている姿というものは実に颯爽《さっそう》としていた。

このクルマはぼくの中学校の近くにあり、ぼくは学校が終わるとかならずそこまで歩いていって、それを見てから帰ったものである。」

敗戦、日本人は自信を失い、今日を生きることに精一杯だった。

夜道は暗く、道路は至る所に穴ぼこがあり水溜り、人々はただ下を向いて歩いていた。

そんな時代と世相の夜空に輝いた一番星、それがダットサン・スポーツだった。

生みの親は、宣伝課長、片山豊。

片山はどうしてもスポーツカーを作りたかった、もう我慢ができなかったのである。

話を上に持っていっても、反対されるに決まっている。

正規に一車種を開発するには、昔も今も莫大な開発工数と開発費がかかる。

第一、スポーツカーなど売れる時代ではなかったのだ。

「新車展示会の目玉、デモカーとして作ろう。
ダットサンのシャシーを使えば、宣伝費の予算内で出来る。
ボディーはワイド・フィールド・モータース、腕のよい太田祐一にやらせよう」
「ダットサンで、英国風のスポーツカーを作ってくれ。
早く走ることはいらない。
乗る前から見るだけでワクワクするデザイン。
軽快な走りが楽しめるクルマに仕上げてくれ」
MGスタイル、ダットサン・スポーツDC―3が完成した。
「ニッサン新車展示会」は戦後初の自動車ショー、片山の人脈がフル動員された。
昭和二十七年七月一日から四日間、五万人の入場者、大成功だった。
場所は、東京・港区虎ノ門、現在の日本石油本社ビルの建つ敷地。
読売ジャイアンツの水原監督、川上哲治、別所毅彦、青田昇のスター選手。
歌手の藤山一郎、古川ロッパ、当代の人気役者も来賓として訪れた。

会場の華、人気の中心は真紅のボディー、「ダットサン・スポーツ」だった。

「これなら値段が百万円を切れば売れますよ。」

販売担当の若手が気に入り、五〇台の限定生産が役員会議で承認されたのだ。


二十七年の夏に生まれたダットサン・スポーツ。

それは、夏の夜空の遠い花火。

しかし戦後の街を颯爽と走る勇姿に、大人も子供も、胸を熱くさせたのである。

ダットサン・スポーツ誕生と同じ頃に東京・京橋のブリジストン本社ビルが落成。

その二階に「ブリジストン美術館」がオープンした。

セザンヌ、ルノアール、ユトリロ、ピカソ、モジリアニ………。

パリに行かずとも世界の名画を、市民は見ることが出来るようになった。

「人はパンのみに生きるにはあらず。」

美術館とスポーツカー、企業の売上と収益には無縁のものである。

しかし、ブリジストン社長の石橋正二郎とニッサン宣伝課長の片山豊、二人の男は、占領下の日本と日本人の精神に、大切な何かを残してくれたのである。

七・三　「東京でモーターショーをやろう」

昭和二十九（一九五四）年の春、日本の首都・東京に新しい風が夢を運んできた。

映画、「ローマの休日」の封切り。

女達は、白い長袖のブラウスと王女の短くカットした髪型に憧れ、男は外国で働く新聞記者とローマの街を走るカブリオレに憧れた。

そして、四月二〇日、日比谷公園で第一回「全日本自動車ショウ」が開幕、これは映画の予告編、自動車の時代が近くに来たことを告げるファンファーレだった。


片山はいつも、いくつもの夢をポケットに入れ大切に温めている。

この夢は一人では実現できない。六人の同業者、宣伝課長会議の根回しに走り回った。

初会合は二十六年十一月六日、「六日会」の誕生である。

メンバーは片山豊（日産）、山本直一（トヨタ自販）、小川恭（いすゞ）、高橋治男（日野）、徳山正男（民生ディーゼル）、城戸謙二（三菱ふそう）の六名。

片山は夢を語り、それが六人の夢にひとつとなり、一つの構想となった。

「国産車を宣伝しよう。東京でモーターショウをやろう。」

宣伝はチンドン屋、会社内の蔑視《べっし》に耐えていた男達が奮い立ったのだ。

六人の夢が実現したのは、初会合から三年後。

いつの時代も、改革には抵抗が激しく、組織の幹部には変革を好まない老人が多いのだ。


「それはいいアイデアじゃないか。」

話を聞いてくれたのが、通産省自動車課長の柿坪精吾。

「六日会のメンバーと直接話したい。」

ニッサンの会議室まで足を運んでくれた。

「絶対いいからやろう。通産省が応援する。」


ショウの総裁は高松宮殿下、後援は通産省と運輸省。主催者は日本自動車工業会に小型車、部品、車体の各工業会。出品二五四社、車輌二六七台と史上最大のショウとなった。

しかし、乗用車は十七台、オースチン（日産）、ヒルマン（いすゞ）、ルノー（日野）、外国との技術提携車にマスコミの取材が集中した。

会場で最も人気を集めたのが、住之江製作所コーナーに展示された「フライング・フェザー」。

これはもう一つ、片山豊の夢の結晶だった。

若い男女は、サンルーフ付、赤いキュートな小型車に、映画、ローマの休日のあのシーンを連想、胸を熱くし顔を見合わせた。

二・三輪車メーカーのエンジニア達は、悔しくて悔しくてたまらなかった。

「ニッサンの下請け、シート布地メーカーの住之江なんかに、俺達もきっと、いつか……

……。」

と、雪辱を誓い合った。

「住之江」はシート地の織物会社。当時、ダットサン・スリフトの車体《ボディ》も作っていた。

ＧＨＱは日本の乗用車生産を禁止、二十二年六月に、年三〇〇台が許可。二十四年十月に制限解除となったが、月一〇〇台前後では、プレス機による量産は採算が取れない。

従業員二五〇人、技術者一〇人の町工場。

しかし、戦前の多摩川レース、ダットサンレーサーの車体《ボディ》設計の主務、日本のレオナルド・ダ・ビンチ、天才エンジニアの「富谷龍一」と部下には、後にプリンス自動車に移り、御料車・ロイヤルの設計主査となる「増田忠」、美と技術を極限で調和させるものづくりの鬼才《きさい》がいた。

町工場とはいえ、住之江は天才と鬼才、傑出した二人の技術者を擁していたのだ。

戦前のニッサン、横浜工場の屋上、富谷と片山は、昼食を取りながら

「カモメが自由に空を飛ぶように、小さなエンジンで軽快に悠々と走るクルマが造れないか」

湘南中学三年生の時に、藤沢の駅前で見た光景を話した。

車体は簀子《すのこ》のような台に草刈機のスミスモーターで走る五輪の軽自動車、「ブリックス」。英国スタイルの紳士がスポーツカーのようなエンジン音を立てて颯爽《さっそう》と走り去っていったのだ。

「そうだね、それはできるよ」

富谷は片山の目の前でノートにさらさらスケッチを描きだした。

あれから十五年、ダットサンの生産で住之江の経営は順調だった。

「あのクルマをモーターショウに出そう」

空冷V型、OHV、二〇〇cc、車輌重量四〇〇kg、定員二名。


ショウの会場に、通産省の若手官僚も顔を出した。その一人が「川原晃技官」

当時、西ドイツ経済、奇跡の復興が報じられていた。

原動力はフォルクス・ワーゲンの躍進。

「ヒットラーはV・Wとアウトバーンを残したが、東条英機は何も残さなかった。」と。

彼は政府の助成により、五〇〇cc程度の大衆性のある乗用車の構想を思案していた。

川原は、フライング・フェザーの前に立ち止まった。

「本気で、真剣に取り組めば、日本でも大衆車は可能だ。」

翌三〇年五月、日経新聞は通産省の「国民車構想」をスクープ。

「最高速一〇〇km以上、定員四人、リッター三〇km以上、三五〇〜五〇〇cc、月産二〇〇〇台で工場原価十五万円、最終価格二十五万円、試作車をテストし一車種を選定。」

自動車工業会の意見は、「二十五万円の最終価格では、技術的に不可能」だった。

この構想は通産省の「省議」にものらず、宙に消えていった。

しかし国民の反響は大きかった。

「駐留軍払い下げの大型車が、わがもの顔に日本の狭い道路を走り回っている、国民感情としては、何とも割り切れない」と。

その時、国民車に名のりを上げたのが、あの「小松製作所」の中興《ちゅうこう》の祖、河合良成社長、

「四人乗り、月産二〇〇〇台、一台三十万円ならやれる。」

「西独の某社と設計試作中」、ポルシェと話が進んでいたのだ。

河合は商工省出身、「帝人事件」の冤罪《えんざい》で苦節一〇年、政・財界に人脈が広い大物経営者。

自動車業界は一転騒然となった。

「自由競争によるべき、政府が特定企業を助成するのは反対。」と申し合わせた。

将来性ある小型車市場、「ヨソモノ」に独占させるわけにはいかないと腕をまくった。

各社は水面下で猛然と動き出した。河合社長はこれを見て参入を断念する。

国民車構想、それは一社、一車種のみの認可。

通産省一番の狙いは「過当競争の排除」にあった。

「もし、どこかに先手を打たれてしまえば、四輪進出の道は永久に閉ざされる。」

「遅れてはならじ、国民車はわが社が！」

真っ先に手を上げたのが、二・三輪車メーカーの若武者達だった。

スバル三六〇、三菱五〇〇、マツダR三六〇、スズキフロンテ三六〇、ホンダS五〇〇……。

次々と旗と幟《のぼり》を立て、先陣を争《あらそ》い真先《まっさき》に駆け出したのだ。

川原晃が懸念した、業界の過当競争体質。

それも通産省という巨大で巨力な圧力釜、その強烈なプレッシャーが生み出した大爆発。

このエネルギーが、日本の自動車工業を世界レベルに飛躍させるジャンプ台となった。

「国民車、それはダットサンの中古に乗ればよい」

と、横を向いた銀行出身の社長がいた。

とかく目先のソロバン勘定《かんじょう》に終始し、その会社は戦略面で三年、ライバルに遅れをとってしまった。

「クルマを国民大衆のものに」

が創業者、豊田喜一郎の夢、トヨタは、明日の市場に先手必勝の布石を打っていた。

大衆車の生命線は量産と量販、元町の新工場建設と大衆車販売店網の構築である。

片山と富谷の夢、フライング・フェザーは白いかもめ、夜空に飛び去っていった。二〇〇cc、二十五万円、道路がまだ穴ぼこの時代、十年は時期尚早、約一五〇台の生産に終わった。

大規模な自動車ショウは、日本では初物、お客の入りが心配だった。六日会のメンバーは有楽町、新橋駅で呼び込み、チラシを手渡した。入場は無料、ＰＲ館を設け、講演会、写真コンクール、小学生図書コンクールも計画、会場に華《はな》やぎをと美女モデルを手配、時代はカメラブーム、大好評だった。入場者は五十四万人、ショウは大成功に終わった。

開幕の準備が一段落した頃、まだ片山には大事な仕事が残っていた。「英文呼称」の選定と「シンボル」の製作である。

英文は将来、パリ、ロンドン、ニューヨークのようにと夢を託し、「ＴＯＫＹＯ　ＭＯＴＯＲ　ＳＨＯＷ」に、国内呼称が「東京モーターショウ」に変更になったのは、十年後、昭和三十九年のことだった。

エッフェル塔は一八八九年、フランス革命百年を記念するパリ万博、近代機械文明の象徴《シンボル》である。

日本の自動車工業、若さと凛々しさ、技術の進歩と挑戦を象徴するものは何か。

片山は「ギリシアの若者」のデザインを板持龍典画伯に依頼、自らモデル台の上に立った。

「スポーツも、音楽、科学、哲学、数学、医学……。」

近代文明と人類の叡智はこの地に生まれ、成長、発達、進化を繰り返し現代に至っているのだ。

若者が廻す「車輪」は、前進と人間の意志による制御を意味している。

ギリシアの若者と白い大きな車輪の彫像、巨大なシンボルを見つめる二人の男がいた。

「これなら、来年はおでましいただいてもよいだろう。」

宮内庁職員の兄は、東京・荻窪の自動車メーカーに勤める弟に話しかけた。

翌、昭和三〇年、東京モーターショウの開幕日、皇太子殿下がご来場。

「日本で、自動車工業を育成しようとするのは無意味である、今は国際分業の時代なのだ。アメリカで安くよい車が出来るのだから、自動車はアメリカに依存すればよいのではないか……。」

という声は、もう誰からもどこからも聞かれなくなった。

「自動車は、日本の明日を担《にな》う工業のプリンス。」

国産車が、「認知」されたのである。

翌、昭和三十一年の経済白書は、衝撃《しょうげき》のフレーズで知られる。

「もはや戦後ではない。

回復を通じての成長は終わった。今後の成長は近代化によって支えられる……。」

それは日本経済の新しい連隊旗手、自動車登場の宣言《ファンファーレ》だった。

七・四　オーストラリア・ラリーに挑戦する

日本におけるモータースポーツの普及を考えていた片山はある日、外国新聞の「オーストラリア・ラリー」の記事に目が留まった。トヨタ・クラウン、国産車が参加していたのだ。

早速、トヨタ自販に問い合わせた所、快《こころよ》く対応してくれた。ラリーに参加した神之村邦夫から、撮影した映像を見せてもらい、説明を聞くことが出来たのだ。

エリザベス女王の戴冠式、大英帝国の栄光と威信をかけて、エベレスト遠征隊の派遣と共に企画された記念事業。世界で最も過酷なラリーだった。

オーストラリア大陸を、十九日間走り続けて一周する。

走行距離が一万六〇〇〇㎞、砂漠と原野を一日平均九〇〇㎞、時速八〇㎞で十二時間走る計算になる。

「悪路ならば、外国車と存分に戦える。完走できれば宣伝効果も大きい。」

片山は計画を稟議書《りんぎしょ》にまとめた。

「海外ラリーは未経験、費用もかかる、これは無理かもしれない。」

「ダットサンを輸出するには、国際ラリーに参加し、性能向上を図るのが一番の近道。」

開発部隊もサポートしてくれた、ダットサン二台、片山はチームの監督として参加する。

ドライバーは、サービス部の三縄《みなわ》米吉、吉原工場の奥山一明、実験部隊から大家義胤と難波靖治の四名、労働組合が人選した命知《いのちし》らずの猛者《もさ》たちだった。


一九五八年、オーストラリアは十五年ぶりの大雨。

大平原を横切る道は、川のように泥水をかぶり、昼と夜の気温差は四〇度にもなった。

現地で片山が驚いたのは、ＶＷサポートチームの活動だった。

ワークスのバンが先行して中継点に待っており、到着したラリー車は手際よくチェックされ、部品が交換されて、翌朝には新車同然に生まれ変わって走り始める、それは見事なチームワークだった。

ＶＷチームは、ダットサンチームに好意的だった。

「あそこで曲がれ、ここには近道がある」

スタート前に、詳細なメモを片山に渡してくれ、助言を惜しまなかった。

かつての同盟国、敗戦国同志、弟を思いやるような心情が、どこかに流れていたのかもしれない。


片山は、ダットサンの宣伝のために、ＮＨＫから十六㎜のアイモ撮影機を借り受け、取材フィルムを航空便で日本に届けた。その名も「富士号」と「さくら号」、ボディーに日の丸、鯉のぼりをなびかせ、オーストラリアの大地を走り回る日本の小型車、ダットサンの健気《けなげ》な勇姿に、朝のＮＨＫニュース、テレビの前の日本人はもう夢中になり、手を握り締め熱い声援を送っていた。

ダットサンは一〇〇〇㏄以下、Ａクラスのカテゴリー。幸運だったのはＶＷ、ルノーなどの有力チームが、Ａではなく、排気量の多いＢ、Ｃ、Ｄ、Ｅクラスだったこと。

参加車輌六十四台、完走三十四台、

「ダットサンがAクラス優勝」

オーストラリア・ラリーのニュースが、ロイター電で日本に届くと国民は熱狂と興奮。

Aクラスの四文字はいつしか、どこかに消え「ダットサン優勝」が一人歩きしていたのだ。

敗戦、国土は焦土と化し、国民は誇りも自信も失っていた。
「三等国民」、
そんな評価を甘んじて受け入れていた。
「近代文明の基準からすれば、我々の四十五才の発達と比較して、日本人は十二才の少年のようだ」（マッカーサーの議会証言）
国民に、勇気と自信を回復させた第一のニュースは、一九四九年のロスアンゼルス、全米水泳選手権、四〇〇ｍ、一五〇〇ｍの自由形、古橋廣之進の世界新記録、サツマイモとカボチャを主食に猛練習、ついに「フジヤマの飛び魚」として世界水泳界の頂上に立ったことだった。

第二のニュースは同じ年、湯川秀樹博士のノーベル物理学賞。紙と鉛筆だけで、日本人の優秀な知能が中間子理論を完成させたのだ。

スポーツ、学問に続き、経済産業の分野でもスターの誕生を、と期待が集まったが、メイド・イン・ジャパンは、「安かろう、悪かろう」が世界の相場、そんな時代が長く続いていた。

「ダットサンの優勝」は、日本国民が待ち望んでいたニュースだった。

片山はニッサン販売店を回り優勝報告、どこでも熱狂的大歓迎、横断幕と人波で迎えられた。

日本を「敗戦国」という呪縛《じゅばく》から解放し、国民に勇気と希望を与えた出来事だったに違いない。

「豊さん、よかったね、おめでとう。大きな海を渡って成功しましたよね。」

片山の母は、ラリーの優勝を喜び、五歳の昔、苫小牧の町、骨相師《こっそうし》の見立てを伝えてくれた。

「この子は十三歳になると大病する。しかし、その後は健康に恵まれ長生きができる。政治家になったら、きっと殺される。お父さんのように会社員になるのが良い。それも船舶とか鉄鋼、鉄関係の仕事に就かせなさい。その仕事で海を渡ることになり、海外で必ず成功する。」と。

母は自動車、鉄関係の仕事に就き、海を渡りオーストラリア・ラリーの優勝を喜んでくれたのだ。

その後、すぐに母はなくなった。後のアメリカでの片山の活躍を母は知らない。

片山の父はこの時、王子製紙の工場長。慶応義塾を卒業、三井銀行に就職、京都支店勤務の時、支店長の妹、母と結婚したのだった。梅渓《うめたに》子爵家のお姫様、姉と妹がいた。

鉄の関係、自動車会社に入ったのは母の姉・「藤田文子」の関係、伯母の娘八重、その婿に入ったのが鮎川義介の弟・政輔である。

昭和十六年六月、戸畑鋳物の創業二十五周年、鮎川社長の挨拶は、恩人藤田文子への感謝のみ。

事業は創業から数年、四〇万円の金策がつかず絶体絶命の危機に陥る。

職工に支払う賃金にも困り、銀行は相手にしてくれない。

戸畑鋳物の出資者、貝島家、久原家、三井家には断られ、残るのは藤田家。

しかし主人の小太郎氏は物故している。鮎川は「溺れる者の藁《わら》」の思いで未亡人を尋ねた。

「故人の在世中、『鮎川という人は誠意を以て仕事する信頼の置ける人物だと見込んでいる。かかる人の事業はどこまでも支持し、後援して行きたいものだ』と時折聴かされ、私は今なおこの言葉が耳に残っています。私が貴方の言葉を入れご援助しますのは、故人の遺志を実行することであります。故人も地下に満足することでしょう。」

と、即座に快諾、鮎川は之により危機を乗り越えることが出来たのである。

「私は未亡人の男子も及ばない理解、同情、果断の処置に、心の底から沸き出ずる感激の泪をどうすることもできなかった」と。

四〇万の増資を引き受け、伯母の藤田文子は戸畑鋳物の筆頭株主になった。

その後、久原鉱業の経営危機の際にも、鮎川の頼みを即決、久原鉱業配当金・一五〇万円の提供を応諾、人生二度にわたり、鮎川は藤田文子に絶対絶命の危機《ピンチ》を救われている。

梅渓家は近衛、西園寺などの五摂家、清華家の家柄ではないが、参議クラスの堂上公卿。

「母の妹、叔母には子がなく、次男坊の私を養子にという話があったが、母は私を鉄関係の仕事にと決めていたらしく断ってくれた。私も坊さんになることに気がすすまなかった」

と片山は回想する。

もし叔母の養子になり、お坊さんになっていれば、片山は京都、あの六角堂・頂法寺の住職。

日本で最古、最大流派の華道、「池の坊」、四十四世家元になっていた筈。

大勢の和服姿の美女に取り囲まれ、優雅典麗でみやびな生活を送っていたのかもしれない。

七・五「あなたが先に儲《もう》けて欲しい」

ドイツの自動車都市ウォルフスブルグは連合軍の空爆により瓦礫の山、廃墟と化していた。

英軍の占領地域にあり工場は接収され、軍用車両の修理工場になっていた。

一九四五年、ドイツに返還の日が近づき、イギリス本国から専門家チームが調査に派遣されてきた。

結論は「この車は英国の専門家を驚かせるものは何も持っていない。スタイルは古く、空冷エンジンはうるさいだけである。この工場を返還しても、英国の自動車工業には何の影響もないだろう。

賠償物件には入れず、取り壊しもしない。返還すべきである。」

一九四八年、オペルの取締役会のメンバーだったハインリッヒ・ノルトホフがＶＷ社長に就任。

第一に彼が取り組んだことは、フォルクス・ワーゲンを分析《アナリシス》することだった。

ハンドルを握り、アウトバーンや市街地を走らせた。

結論は「やはりポルシェは天才だ。」という確信。

この確信が西ドイツ経済、奇跡の復興を生み出していく。

五〇年、ノルトホフは専門家を市場調査のためアメリカに派遣。

彼の報告は「アメリカ車は年々大型化している。ＶＷは八〇〇台／年以上は売れない。」

と。

ノルトホフは、即日彼を解雇、自らニューヨークに飛んだ。

技術者を呼び寄せ、部品・サービスのネットワーク作りに着手した。

「ナチス、ヒットラーのクルマ」と言われないように、宣伝には慎重だった。

一九五四年、現地法人、「アメリカＶＷ社」設立。

十五地区に代理店《ディストリビューター》、四〇〇の販売店《ディーラー》、価格は東部一五〇〇ドル、西部一六〇〇ドル。

「ＶＷは、六〇〇〇ドルの車で乗りつけた時と同じ応対をします。」

五八年には十六の代理店、六三〇の販売店、一〇〇〇余のサービスステーションを全米に完成した。

「VWは五人家族のクルマです。狭い場所でも駐車できます。

五十九年には十二万人のアメリカ人が〝小さを考慮して《スインク・スモール》〟VWを買いました。」

威信《プレステージ》の象徴だった大型車、人々は誰も「小型車」に見向きもしなかった時代。

「スインク・スモール」、新しい価値観を訴え市場を開拓、着実に実績を上げていた。

課長から業務部次長へと昇進、しかしこれは何の権限もないポスト、
片山は体良《ていよ》く、中二階に祭り上げられていた。

ダットサンの優勝報告、留守の間に、宣伝課長の椅子には組合の教宣部長だった男が座っていた。

片山はカナリアだった。古来、鉱山の男達は、この小鳥の籠を身近に置き坑道で働いていた。

カナリアは、音もなく忍び寄る、かすかな有毒ガスの兆《きざ》しにも気づくからだ。

労使の癒着《ゆちゃく》、何かの饐《す》えて腐ったような異臭が、職場の空気を汚染しはじめていたのだ。若鮎達は目に見えぬ影におびえて岩陰に身を潜め、時々そっと水面に浮かび上がり、金魚のように口をパクパクさせていた。

社内の空気は酸欠《さんけつ》状態になり、若者の言葉が職場から消えていた。

「しばらく、アメリカに行ってダットサンの市場調査をやっていなさい。」

「まぁとにかく、ちょっと行ってこいよ」

職場を追い出された格好だったが、毎日が耐え切れなくなっていた片山には渡りに舟だった。

片山がロスの埠頭で最初に見た印象は強烈だった。

それは畑に取り残され、ひと雨ごとに腐っていく「キャベツ」。

タイヤは割れ、内張りが破れたオースチン、トライアンフ、ルノー、フィアット………。

見渡す限り累々《るいるい》と並ぶ光景だった。

外国製、もの珍しさだけではクルマは売れない時代になっていたのだ。

商社・代理店任せの商売の結果はこうなる、衝撃の第一印象だった。

市場調査をやるまでもない、片山は、アメリカでやるべきことをロスの埠頭《ふとう》で確信していた。

「黄金の一九六〇年代《ゴールデン・シックスティーズ》」、アメリカが史上最強の時代、何もが輝いていた。

大統領がジョン・F・ケネディ、GM、フォード、クライスラーのビッグスリーは百獣の王だった。ライオンの尾のひと振りで、市場の一〇％に急増していた欧州車の販売は激減、
在庫の山、港のキャベツ畑のように無残なありさまになっていたのだ。

GMのコルベア、フォードのファルコン、クライスラーのバリアントの登場だった。

唯一の例外がVW、「かぶと虫キラー《ビートル》」として登場したコンパクトカーの攻勢を物ともせず、逆に一九六〇年十六万台、以降十八万、二十四万、三〇万と年々売上げを伸ばし、輸入車の七〇％を占める「不動の王者」になっていた。

ＶＷは何も特別なことをやっているのではない。

これは商売の「王道」、地道な努力の積み重ねの結果なのだ。

これなら自分達にもやってやれないことはない。

「商社なんかに頼っていてはダメだ。自分達の会社を作り、自分達の手と足でダットサンを売ろう。」

片山は決意を固め、第一に実行したのはオフィスの移転、ロスのダウンタウンの一等地、モービルビル八階を引き払い、港との中間地点、「ガーデナー」に平屋、一〇〇坪の事務所と倉庫を借りた。

「自動車を売るには二階にいて話しかけてはいけない。下に降りていって、お客様と同じ目線に立つことをいつも第一に心がけなさい。」

新入社員の頃に聞いた日本の自動車販売の大先輩、「石澤愛三」さんの教えを実行したのだ。

米国東部は三菱商事、西部は丸紅飯田への委託販売を取りやめ、ロスアンゼルスに現地法人の設立を本社に提案、これは三ヶ月の短期間、意外にもすぐにすんなりと承認された。

一九六〇年、「米国日産自動車」設立、ここがニッサンの拠点、アメリカの根《ルーツ》となった。

市場調査に派遣された男が、販売第一線の指揮官に変身していた。

VW、お手本があるとはいえ、ダットサン独自の販売とサービス網を築くことは、至難の業だった。

一歩一歩《ワンアットアタイム》、しかし、いつまでニッサンの資金力が続くだろうか。

「ダットサン三一〇」は、日本ではブルーバード、愛称が「柿の種」、憧れのマイカー。

しかしフリーウェイでは流れに乗れず、馬力も出ない、坂道ではブレーキに不安があった。

悪路の走行を前提にして作られた日本車、性能は国際水準に十年は遅れていたのだ。

販売店《ディーラー》を探すことが、毎日の仕事になった、
中心街にある輸入車の販売店は全くの無駄足だった、

店主は小型車には見向きもせず、会ってもくれないのだ。

片山はダットサンを自ら運転し、中古車店に行商に歩く、郊外にはトレーラーハウスを住居と店舗にし、ハングリーながらもクルマに詳しく、向上意欲の旺盛な男達がそこにはいたのだ。

彼らを儲けさせることが商売の鍵だ、
彼らの意欲に賭けてみよう。

「ダットサンを売ってほしい、
あなたが先に儲《もう》けて欲しい、
あなた方が豊かになれば、私はその後で儲ける事ができる。」

「何ということを言うのか、アメリカの自動車会社はそんなことは言わない。」と彼らは驚いた。

その日から郊外の中古車店訪問が片山の日課となった。

谷底から遥かな高みの絶壁を見上げる日々、片山は、細い一筋の獣道《けものみち》を見つけていた。

一台売れると、不思議に次の一台も売れていった、

「あの山に登るのだ」

指揮官は山の頂上《いただき》を指さし、登攀《とはん》ルートを指示した。

ライバルが米国から撤退してゆく中、経営を支えたのは「小型ピックアップ」、農家の人達は果樹園の集荷に、石油会社では井戸の見廻りに、リタイヤした老人達はハンティング、キャンプ、川釣りのレジャーに使い、若者達は通学やデートにと用途を広げてくれた。

故障せず、修理費がかからず、燃費も良い。この評判から乗用車も売れ出したのだ。

ニッサン本社も、米国側の要求を真摯《しんし》に聞いてくれた。原禎一設計部長は、片山の要求のひとつ一つに、彼の考えと対策を書類にし、すぐに返事を送ってくれた。

クイックレスポンス、ダットサンの性能は急速に向上していった。

六〇年の渡米、そして米国ニッサンの創設、経営が黒字になったのは四年目からだった。

功労第一の男の名はレイ・ホーエン。

六〇年十月の「ロスアンゼルス自動車ショウ」

一人の男が六尺（一八二㎝）の巨体をダットサン三一〇のシートに押し込もうとゴソゴソと苦労していた。片山が巨体を押し込み、手伝ったことが二人の出逢いになった。

「ルノーでクルマを売っているが、実は今、トヨタにアプライしている。

どうも、こっちの車の方がおもしろそうだ。

トヨタには大勢のアメリカ人が働いている、お前の方はどうか。」

「お前が来てくれれば、お前一人だ。私の下で働いてくれないか。」

ルノーの総支配人、セールス・マネージャー。

クライスラーと英国ＢＭＣの販売経験も積み、業界に広い人脈もあった。

片山　豊　　　月額　六五〇ドル

レイ・ホーエン　月額　九〇〇ドル

片山は、自分以上の高給を以って彼を処遇することを決断した。彼の給与に本社からクレームがついたが、「インセンティブは私の責任」と片山は押し切った。もう賽《さい》は投げられたのだ。

期待に違《たが》わず、レイは仕事のできる男だった。

「車の販売は顧客に売った時点で終わるのではない、それは販売の始まりであり、車が走っている限りサービスする責任がある」

二人は販売の理念を確認しあった。


一九六三年の「ダットサン四一〇」

「今に見ても素敵なデザインだ。日本では尻がさがってアヒルが歩いていると酷評されたが、欧米では評判はよく、デンマーク、スカンジナビアの美しい自然にあのデザインはよく調和していたのだ。」

優雅で動的《ダイナミック》な線と端正な曲面が美しいデザイン。

当代、世界一のカーデザイナー、ピニンファリーナ、彼の名を前面に出すべきだった。

「日本国内での不評、これは販売戦略の失敗なのだ。」と片山は述懐する。

ダットサン四一〇はモノコックボディーにより軽量化、高速性能が向上した。

ただ、アメリカではコンパクトカーでも、二〇〇〇cc～三〇〇〇cc。

ダットサン四一〇は一三〇〇ccとパワー不足だった。「一六〇〇ccエンジンを追加して欲しい。」

本社と交渉を重ねた結果、北米仕様一六〇〇㏄エンジンが設定された。

キビキビとした軽快な走り、人気が一段と急上昇した。

この年、ダットサンは日本車で初めて「輸入車ベストテン」第六位に入った。

セダンとピックアップが車の両輪、米国ニッサンは設立四年、自動車の本場アメリカの大地に確固《かっこ》たる「根《ルーツ》」をおろし、アメリカの大空を自由に飛翔する「翼《ウイングス》」を整えたのだ。

昭和三十七年十一月二十二日、ニッサンでは紅白の餅一升が全従業員に配られた。

なにか、よほどおめでたいことがあったに違いない。

川又社長が池田内閣、政府の「最高輸出会議」で表彰され、藍綬褒章を受章したというのだ。

ホテル・オークラで政界・財界・官僚のトップ、著名人、一八〇〇人を招待しての大パーティー。

川又はニッサンの大争議に勝利した経営者、「日経連のエース」から、今やニッサンは輸出貢献のナンバーワン、「経団連の顔」になったのだ。

鉄鋼、電力、重電、銀行の四天王と同格、自動車産業の代表、そのお披露目の日だったのである。

翌、三十八年十一月、輸出担当取締役、石原俊は常務取締役に昇格した。

会社の花形、経理部長から輸出担当へ左遷、石原は九年間、平取締役のままだった。

経理の後輩、太田寿吉は、後れて取締役に、しかし川又社長のおぼえめでたく、三年で常務に昇格。石原はひとり、悲哀と冷飯を噛みしめていた。

「石原俊は、米国日産社長としてアメリカ市場の開拓を陣頭指揮、輝かしい抜群の実績をあげた……。

あの販売の神様、神谷正太郎が、ベビーキャデラックと前評判のトヨペット・クラウンを米国に上陸させたものの、あえなく三振、在庫の山、苦杯をなめ撤収、それを石原は苦もなく成し遂げた……。

彼こそ次期社長、ニッサンのプリンス。」

ジャーナリズムは囃《はや》し立てたのだ。

アメリカにいた片山は、紅白の餅もホテル・オークラのパーティーも何も知らなかった。石原は米国ニッサンの社長、しかし彼は日本在勤なのだ、ニッサン本社にいたのである。現地アメリカの最前線、販売店には顔など見せたことがなかったのだ。

彼はロスに来ても、オフィスに顔を出すと、すぐメキシコやフロリダに飛行機で飛んで行った。

メキシコの工場のことを何やら熱心にやっており、マリーン・レジャーにも結構忙しかったのだ。

七・六「ミスターK」がアメリカに残したもの

渡米五年目、片山は米国ニッサンの社長になった。一〇名でスタートしたスタッフも増え、ダットサンの販売に働く人は一二〇〇人に、販売とサービス体制が整った。

全米に一〇の部品デポを配置、一デポが一〇〇の販売店を受け持つ。ユーザーの要求に、三十六時間以内のサービス体制が完成した。

一二〇〇のディーラー網、販売店の人達は、彼を「ミスターK」と呼び、彼は販売店のひとり一人に「ファースト・ネーム」で呼びかけた。

先輩、フォルクス・ワーゲンを目標にこれまで努力し、頂上に至る登攀《とはん》ルートを確保したのである。体制はできた、後は「クルマ」だけだった。

一九六七年に「ダットサン五一〇」が登場。

「これは美しいクルマだ。世界水準に達したクルマだ。」

「ディスクブレーキ、インディペンデントサス……、彼らの欲しいものは全て入っている。」

「チーターやシマウマのように、身に何ひとつのムダがない。」

このクルマに「言葉」は不要と片山は思った。

テレビコマーシャルは、風光明媚なビッグ・サーの山道、暗い嵐の夜に美しい少女が運転するダットサン五一〇、激しい雨を払うワイパーの音、ビバルディ・春の響きが静かに映像に流れる。

山道のカーブで前を走るベンツを抜き去っていく。

心に残る印象的なフィルム、片山の自信作だった。

「自動車というのは、そのオーナーの輝かしい業績を無言のうちに証明する紹介状でなければならない。」と詩人・コピーライターのテッド・マクナマスは語る。

多民族社会のアメリカ、クルマは「自己紹介状《ステイタス・シンボル》」だった

地位が上がり収入が増えると、人々は競って大きな車に買い換えた。

都市の若者達の中に新しい価値観が生まれていた。

しかし、小型車はスタイルも性能も時代に遅れ、唯一例外がＢＭＷ一六〇〇、但し五〇

〇〇ドル、若者達に手の届く価格帯ではなかった。

小型で高性能なセダン、端正なスタイルとスポーツカー並みの走り。

ダットサン五一〇は、アメリカの若者達の「夢」にジャスト・フィットした初めての車だった。


豊かなアメリカ、しかし貧しい人々も多かった。彼らは大型車の「中古」に乗っていた。故障の修理、ガソリン代の支払い、維持費が大変だった。一八〇〇ドルと手の届く価格帯、燃費が安く、丈夫で故障もしない。ダットサン五一〇は貧しい人達の「夢」にも応えたクルマだった。


徳大寺有恒氏は「五一〇は悲劇のクルマだった」と言う。

実際に売られている時の評価は低く、十年後「あれは名車だった。」と認知されたクルマ。

日本のユーザーは、見た目に豪華なたくさんの付属品と白いタイヤの付いたライバル車を選んだ。販売店とニッサン本社の幹部達も同じレベルだった。

原禎一は設計を去った。

「かけがえのない人、大変なマイナスだ。彼はニッサンの至宝とも言うべきエンジニアなのに。」

片山はこの人事を怒り、嘆き悲しんだ。

ダットサン五一〇は、市場調査の結果から生まれたクルマではなかった。

VW・ビートルがフェルディナント・ポルシェの、オースチン・ミニがアレキシス・イシゴニスの、そしてダットサン五一〇は、設計部長、原禎一の美学と叡智《えいち》から生まれた「時代の名車《エクセレント・カー》」だった。

「五一〇はケニア、赤褐色の大地に実に良く似合うクルマだった。」

サファリを幾度も現地に取材した桂木洋二氏は言う。

父、国王ジョージ六世の逝去《せいきょ》の知らせを受けたのはケニア、樹の上のハンティング・ロッジの夜。

サファリ・ラリーは、エリザベス二世が女王として初めての朝を迎えたこのケニアで、戴冠式《たいかんしき》のあった一九五三年に第一回が開催された。

ラリーの世界最高峰、過去、ＶＷ、ベンツ、プジョー、フォード、ボルボが栄冠に輝いていた。

ダットサン五一〇は一九七〇年、日本車初の「総合優勝」、クラス優勝、二年連続のチーム優勝。

三冠制覇《せいは》の偉業を達成、テレビのコマーシャルは「ラリーのニッサン」が宣伝の文句になった。


五一〇の売れ行きは好調だった。

販売店《ディーラー》からの注文に応えるにも、日本からの出荷台数は増えず、

「タマさえあれば……。」

と、片山は悔しがった。

その頃、片山のオフィスにＶＷディーラーから、日に何通ものレターが届いていた。

「ダットサンの販売店に変わりたい」

という申し込みだった。日本からの台数は増えず、残念ながら片山は断り続けた。

Ｔ型フォードの記録、一五〇〇万七〇三三台を抜き、三〇年間、累計生産、二一五二万九四六四台の不滅の世界記録を持つ、ＶＷ、そのビートルに、選手交代を迫ったのはダットサン五一〇だった。

「今世に出しても少しも古くない。ニッサンの歴史と伝統がにじみ出たセダン。ピカピカに磨き上げて欲しかった車だった。」と片山は言う。

爾来《じらい》、ニッサンの設計は担当主査が変わる毎に、右に左にダッチロールを繰り返す、ある時は「線」、次は「面」にと、経営者も原の後輩達も、大切な何かを見失っていたのだ。


片山は帰国すると顔見知りの若手デザイナーの「松尾良彦」に夢を語った。

「日本人の技術とセンスで世界に通用するスポーツカーを作ってみないか。

アメリカではデザインにダイナミズムが大切なのだ。

遠い彼方から風を切りかけつけ、颯爽と走り去るイメージ。

ロングノーズ・ショートデッキ、ムダのないシャープなスタイル。

そして何よりも後姿が美しくなければならないのだ。」と。

松尾のデザインは斬新、かつ日本の伝統美、曲線の美しさがあった。

片山は、いつか母から聞いた「貴はか《あて》」という言葉を想った。

伊勢物語の十六段《だん》、紀有常《きのありつね》の洗練された言語と行動の美しさ、京都に都を移した平安の初期、初々《ういうい》しく凛《りん》とした青年貴族の美意識が、そこに表現されていたのだ。

どんなに顔が綺麗でも、「スタイル」が良くなくては、美人とはいえない。

このクルマは基本骨格（全体バランス）が秀逸なのである。

これは原禎一設計部長が一番苦心をし、その叡智をふり絞ったところなのだ。

技術用語でいうと、重量をできるだけ中央へ集め、モーメント・オブ・イナーシャ（慣性能率一）を小さくした為である。これにより、あてはかな美しさのスポーツカー、「ダットサン二四〇Z」が一九六九年、世に登場し、世界中をアッと驚かすことが出来たのである。

ジャガーEタイプは一万ドル。二四〇Zは三六〇〇ドル。

ライバル達は、二四〇Zを「プアマンズ（貧乏人の）ジャガー」と蔑《さげす》んだ。

しかし、片山はこの名を誇らしく思っていた。

あのT型フォードはライバルから「テイン（ブリキの、安物の）リズ」と悪口の的《まと》にされたが、逆にアメリカ人はこの名を誇りにしたのである。

T型フォードは、貴族と富豪の専有物「自動車」を、安価にし、広く大衆に提供した。

ダットサン二四〇Zは、金持ちと男の専有物「スポーツカー」を、女性にも解放したのだ。

それまでのスポーツカーは、山野で荒馬に乗る装備と体力が必要だった。

二四〇Zの軽快な走りと、クローズド・ボディの快適な車内空間。

女性達は「駿馬」に乗って、通勤や買い物に、時には野山に、颯爽《さっそう》と駆け出したのだ。

七一年のサファリ・ラリー、二四〇Zは前年のダットサン五一〇に次いで総合優勝に輝いた。

七二年には、二四〇Zが総合優勝、五一〇が総合第二位。

まさに、ライオンとチーターのようにケニアの大地を駆け廻った。

ビッグレースに限らず、片山は販売店を奨励し、地域の「草レース」を開催させ、モータースポーツの普及に情熱を傾けていた。

二四〇Zは、二〇〇〇台/月の計画が六〇〇〇台も飛ぶように売れ、各ディーラーはたくさんのバックオーダーを抱えていた。スポーツカーがこんなに売れたのは前代未聞の事だった、

「スポーツカーは会社の宣伝、イメージアップにはなるが儲《もう》からない。」

が本社幹部の共通認識。二四〇Zはニッサンの商品計画にはなく、片山の「夢」から生まれたクルマ。米国市場専用に開発されたクルマだった。

自動車の歴史に「ビフォア（前）Z、アフター（後）Z」のフレーズが生まれた。ダットサン二四〇Zは、スポーツカーの世界を一変させたのだ。MG、トライアンフ、オースチンヒーレーは姿を消し、ジャガー、ポルシェ、アルファ・ロメオにも大打撃を与えたのだった。

二四〇Zに「辛口《からくち》」の評価をする自動車評論家がいる。

その「ワケ」を聞いてみると、

「若い頃に憧れた名車、MG、トライアンフ、オースチンヒーレーを市場から駆逐《くちく》したからだ。」、と。

片山は反論する。

「クルマを売っても、サービス体制が無ければ、Zの登場に関係なく姿を消す運命にあった。

ハイウェイ安全基準が強化され、オープンタイプの保険料が大幅に引き上げられたことも大打撃になったのだ。」

英国のメーカーも、市場の変化に対応し、「クローズドタイプ」を開発すれば良かったのである。

アメリカにも「一九二五年」に同じ様な事例があった。

アルフレッド・スローンは『GMと共に』の中で、それは「技術革新」だった、と説明している。

クローズドタイプは一九二五年には四三％だったが、一九二七年には八五％に達していた。

GMは、技術革新の成果をいち早く取り入れ、「シボレー」と「ポンティアック」をクローズドタイプにし、オープンタイプが基本だった「T型フォード」を上と下から挟撃《はさみうち》にし、一夜にして時代遅れのクルマにしてしまったのである。

フォードとGMが逆転、その順位が今に続いている。

ユーザーはオープンタイプから、どんな天候にも快適なカーライフを楽しめるクローズドタイプを選択した。

五〇年後、スポーツカーの世界でも同じことが起きたのである。

一七〇九年、ダービー二世による「石炭コークス高炉」の成功。英国のコールブルックデール製鉄所は世界最大、鉄道と汽船、産業革命の時代を切り拓いた。

一八五六年、ヘンリー・ベッセマーは「転炉法」を完成、これは印刷術、羅針儀《らしんぎ》、蒸気機関と並び、人類の歴史と文明を一変させた世紀の大発明《ユレカ》と言われたのだ。

溶鉱炉、製鋼炉、圧延機の連続プロセスによる英国の製鋼技術は世界の製鉄業を一変させた。

自動車は七割が「鉄」である。

一九七〇年代、かつての鉄鋼王国、英国の製鉄会社は技術革新をリードする力を失っていたのだ。

そしてイギリスでは、いつもどこかで年中ストライキが行われていた。

自動車会社では生産ラインが満足に動く日は少なく、半身不随に陥《おちい》っていた。

この事態を解決できる政治家も経営者もいなかったのだ。

これらは総称して「英国病」といわれていた。

イギリスの産業も自動車メーカーも「集団的自滅」への道をさまよっていたのである。

これが、英国のスポーツカーが市場から姿を消した「根本原因」と言われている。


イギリスからドイツ、アメリカへとトップランナーが代わり、そして六〇年代後半から、世界最高の鉄を作り、技術革新をリードしてきたのは日本の鉄鋼メーカーだった。

高張力《こうちょうりょく》鋼板、防錆《ぼうせい》鋼板、制振《せいしん》鋼板と、美しい曲面が成形でき、薄くて軽く強い、しかも価格が安い「薄《うす》鋼板」の技術を開発、次々と製品化していたのである。

悪者は「Z」ではない。MG、トライアンフ、オースチンヒーレーを駆逐したのは、日本の鉄鋼メーカー、その世界一の技術開発力が「真犯人」だった。

経団連の会長に、稲山嘉寛《よしひろ》、斎藤栄四郎と同じ鉄鋼メーカー出身者が二代続いた時代があったが、これには然るべき「ワケ」、背景と理由があったのである。


二四〇Zの登場によって、ダットサンは本場アメリカでも子供達も知るブランドになっていた。

カメラの「ニコン」、テレビの「ソニー」、オートバイの「ホンダ」、自動車の「ダットサン」。

日本の工業製品の代表、世界の市場を開拓した四人の連隊旗手だった。

「メイド・イン・ジャパン」、小型で高性能、美しく機能的、ムダのないデザイン、手頃な価格帯、日本人のクラフトマンシップ、信頼性の高い品質、充実したサービス体制。

日本の工業製品は世界の一級品、若者達の憧れの的になっていた。


日本の片山に、春と秋、「凧揚《たこあ》げ大会」の案内が届く。

これは、米国ニッサン本社ビル、落成の記念行事、一九七二年から今に続いている。

凧を揚げ、無心に家族と一日を過ごす、各国のお国自慢も楽しい。

中国の凧は、自然界、鳥やトンボの形のままに、空を飛び鳴き声を響かせる。

姿、形と絵柄のそれぞれに、お国の文化や伝統の表情があり、面白いのだ。

片山はクルマのトランクに、いつも凧を入れている。

いい空間があれば車を止める。浜辺でも砂漠でも良いのだ。そして、空を見上げる。凧揚げの秘訣は「雲」と友達になること。雲は形と動きで、風と気流のありかを教えてくれる。

雲と仲良しになると、大空のハイウェイとクルマの流れが目に見えてくるのだ。

それはビジネスでも同じこと、「上昇気流」をつかむコツなのだ。

今から三〇年の昔、ロスの本社に雑誌「タイム」の広告部長、ジョン・マリーンが一人の日本人を連れ訪ねてきた。ジョンは、二四〇Zを真先に買ってくれたダットサンの大ファン。

片山は一目見てジョンが連れてきた青年が好きになった。青年は白い大きな雲に出逢ったのだ。

即OKし、完成したばかりの試作第一号の自販機を本社の一階、エントランスホールに置いた。

全米各地から集まるダットサンファミリー。

試食し「とてもうまい、おいしい《ベリーナイスデリシャス》」を連発、大人気になった。

「カップヌードル」、彼の父は、安藤百福、日清食品社長だった。

幾度の失敗、挫折にもめげず不撓不屈、類《たぐい》まれな着想力で世界の食文化に革命をもたらしたのだ。

米国ニッサンのロス本社、ここはカップヌードルの「根《ルーツ》」と「翼《ウイングス》」に違いない。

アメリカの大地にしっかりと「根」を下ろし、世界の大空に羽ばたく「翼」を整《ととの》えたのだ。

二四〇Zの人気とダットサンファミリーのネットワーク、カップヌードルはロスからフリーウェイに乗ってロッキーを越え、東に、北と南にと、瞬《またた》く間に全米に販路を広げていったのである。

一九七七年、ニッサン本社では石原俊が社長に就任。

片山は在米十七年、アメリカを離れることになった。

一九五八年、ニッサンの対米輸出がスタート、計画が五〇〇台、販売実績は八三台だった。

片山が渡米した一九六〇年は一六〇〇台、それが十七年後には、四八万八二一七台と三〇〇倍に。

販売実績の他に、片山がアメリカに残したものが三つある。


第一にたくさんの「百万長者《ミリオネア》」。

郊外のトレーラーハウスを店舗と住居にし、中古車を売っていたハングリーだった人達。ダットサンの躍進と共に、例外なく大きな店舗を経営する成功者、大富豪になっていたのだ。

「ディーラーの皆さん、あなた方が先に儲けてください。そうすれば私達も儲かるのです。」

ミスターKの言葉に嘘はなかった。彼らは成功し、アメリカン・ドリームを実現したのだ。

彼らにとって、片山はカリフォルニアの空、白いテンガロンハットを被った大きな入道雲。

「上昇気流」そのものだった。

第二には、ダットサンを愛する人達の「ファンクラブ」。

特に、ダットサン二四〇Zのファンクラブのメンバーは熱狂的だった。

各都市に「Zカークラブ」が結成され、活動はどこも活発、全米に六〇支部、ヨーロッパに二〇支部、六・〇〇〇人のメンバーが世界に広がり、互いに連携を取り、活発に活動している。

第三は「言葉」と「記憶」である。

「Love car, Love people, Love life」

日本人が長嶋茂雄を「ミスター」と呼ぶように、ロスの市民は「ミスターK」の愛称で片山を呼ぶ。

ミスターKは販売店のパーティーで、いつもこの言葉を口にし、人々に語りかけた。

北国の貧しい漁師の町に育った私に、勇気と希望を与えてくれた「言葉」があった。

クラーク博士の「Boys be Anbitious（少年よ大志を抱け）」である。

近代日本を作った言葉であり、日本人なら誰もが知っている。

しかしクラーク博士の名も、この言葉もアメリカ人は知らない。

日本人は、ミスターKの名も、「三つの愛」のフレーズも知る人はいない。

しかし自動車を愛し、自動車が大好きなアメリカ人には、心に沁《し》みる名フレーズなのだ。

モノには似合う、似合わないがある。

直江兼続の兜《かぶと》、愛の文字の前立《まえだち》のように、愛の三連の響《ひびき》はミスターKのにこやかな笑顔に似合い、自動車が大好きなアメリカ市民に受け入れられたのだ。


北大のキャンパスで、私はある伝説を聞いたことがある。

クラーク博士は「少年よ大志を抱け」の後に、「like this old man（この老人のように）」と続けられた、という。

博士は当時、五〇才、人生五〇年の時代だった。

南北戦争時の北軍大佐、退役しマサチューセッツ農科大学の学長だった。

老後の安楽な生活を棄て、日本政府の要請を受けて札幌農学校の教頭として来日、新しい辺境《ニューフロンティア》に、開拓者《パイオニア》として挑戦する道を選んだ。

偶然、片山が米国市場の開拓に挑戦したのもクラーク博士と同じ五〇才であった。


片山のニッサン入社は一九三五年、ほぼ同時期に「読売巨人軍」が創設されている。

当時の代表選手を問われて、巨人ファンなら「沢村栄治」のをあげるに違いない。

沢村は、初の最高殊勲選手、三回のノーヒット・ノーラン。

平均防御率一七一の記録、数字の故に今もファンに記憶されているのではない。


三四年の大リーグ選抜軍のエース。

十一月二〇日の静岡県草薙《くさなぎ》球場の試合は一対〇で負け、とはいえルー・ゲーリックの本塁打の一点に抑え、ベーブルースなどの並みいる強打者を一五〇㎞を超す快速球、三段ドロップ（大きな縦《たて》のカーブ）で三振に打ちとった。

日本人に野球場に行く前からワクワクする楽しさを、球場ではスポーツの興奮と感動を、野球好きの遺伝子DNAをインプットした男だった。

野球は九人の選手、組織的には、コーチ、監督、球団代表やオーナーが選手の上にいる。しかし、創設期の巨人軍から一名ならば、その名はエース「沢村栄治」以外にはない。

一九六〇、七〇年代、自動車の本場アメリカで通用する高速道路時代のクルマづくり、そして輸出による量産とコストダウンが日本メーカー各社の最大の急務だった。最大の輸出市場、米国ニッサン社長の片山は会社の「エース」の役割と期待を背負っていた。

マッカーサー元帥の議会証言、「日本人の精神年齢は十二才」、が鮮明な記憶に残っていた頃だった。

まだ、中学生と思われていた日本の自動車工業、エース片山の投げる快速球に、全米選抜の大リーガーも、欧州の一流選手達もキリキリ舞いの連続だった。

片山は、クルマに乗る前から自動車を愛する人達に、ワクワクする楽しさを、ハンドルを握ってからは、駿馬に乗り、野山を駆けるような興奮と感動の「記憶」を残したのだ。

在米十七年、片山は「Love Car, Love People, Love Life（クルマを愛し、人を愛し、人生を愛す）」の言葉を残し、アメリカを離れた。

真に偉大な男、伝説上の男とは、それは彼の地に、言葉と記憶を残した人なのかもしれない。

七・七「ニッサン不振の根本原因はここにあるのだ」

「片山さんを冷遇しているとマスコミは騒ぐが、そうではない。

第一に、輸出が発展途上の時期、アメリカに十七年間も駐在。現地法人のトップを十二年間、本社の制約をあまり受けずに、自由に腕をふるい業績を上げたのだから、これはサラリーマンとしては恵まれた方なのだ。六十七才、第二の人生として日放の会長職は悪いポストではない。」

あるニッサンの役員ＯＢは私にこう語った。現地法人の社長といえども、本社では部長クラスのポスト、第二の人生は子会社の役員が至当。これがニッサンの常識だった。

「冷遇」と感じたのはアメリカ人に多かった。後任にニッサン本社の常務取締役が赴任したのだ。

デビット・ハルバースタム、ピュリッツアー賞作家、『覇者の驕り』（自動車、男達の産業史）の取材に来日、取材に片山を訪ね、開口一番、

「何故、あなたはこんなところにいるのか」と。

日本に戻った翌年、一九七八年のことである。

三菱商事、三井物産、ソニー、ホンダ、キヤノン、ブリジストン……。

アメリカで名前が知られ活躍した現地法人のトップは本社に戻って、経営の次期トップか、少なくとも取締役会《ボード》のメンバーになると思っていたのだ。

日放はニッサンの宣伝の子会社、ニッサン本社の部長クラスが役員として出向する。

オフィスはニッサン本社の裏側にある七階建ビル。

会長職は、片山の処遇のために新設されたポスト、ビルもオフィスも小さかったのである。

ハルバースタムは、『覇者の驕り』にこう書いている。

「類まれな洞察力を持った彼は、小さく無能だった日本の企業をエキサイティングな会社に仕立て上げ、その会社が生み出し得る最高の車をつくり出すよう激しく戦った。

今、日産が必要としているのは、そんなもう一人の男だ。

ユタカ・カタヤマ、あなたはどこへ行ってしまったのか」と。

伝説上の男が舞台から姿を消し、その後、アメリカ市場でも日本でも、ニッサンは昔日の栄光を失っていたからである。

片山が帰国してから今日まで三〇余年になる。

そのうちの二〇年は逆境の日々、男の真価は逆境の時をいかに生きるかで決まるのかも知れない。

ミスターＫは愚痴やボヤキを口にしない。第一、不平不満は似合わないのだ。

しかし、ニッサンは下降気流の中、あえぎ、もがき苦しんでいた。

ダットサン五一〇、二四〇Ｚを最後に、魅力ある商品が生まれなくなっていた。

国内販売の占有率《シェア》は、石原社長就任の七七年の三〇・一％から、五年後には二八・二％、十年後には二三・五％と低下の一途。一向に改善されない経営、片山の切なくやるせない思いが「イエローストーン国立公園の間欠泉《かんけつせん》」のように、時に熱い言葉となって迸《ほとばし》る。

一九九三年十一月二十六日、ニッサンの「創立六〇周年式典」。

式典は地味だった。

会場は、紀尾井町のホテルニュー大谷から、ニッサン・スポーツ・プラザの体育館に変わっていた。

会場の「ミスターK」は、すぐにわかった。

濃紺のブレザーに白髪、大柄な体に笑顔、杖を手にした姿勢がとても若々しかった。

片山に式典の感想を伺うと、

「創立六〇周年の式典というのに、辻社長の挨拶はクルマの売れない言い訳ばかり、君が書いた、〝会社創立六十周年記念にあたって〟という小冊子に一言も触れない、こんなことだからクルマが売れないのだ」と。

経営の「経」はタテ糸、「営」は代々の営《いとな》み、
タテ糸は、「創業の精神」と「草創《そうそう》の軌跡《きせき》」から生れる。

それは、人体の背骨、独楽《こま》の心棒、未来への羅針盤、パワーとエネルギーの湧く泉。

創業六〇年というのは大切な節目、社長は松明を引継ぎ、その火を絶やしてはならない

のだ。

これはもう人材の払底《ふってい》、危険信号だった。

確かに、なんだろう何かが始動したのだ。

「カルロス・ゴーンまで二〇〇〇日」

時が動き出したのである。


片山は自動車評論家集団、ＲＪＣの会員、現役モータージャーナリスト。

各メーカーの「新車発表会」には、自分で愛車を運転し、会場に行く。

新しいクルマの誕生、その瞬間に立ち会うのは最高の喜びなのだ。

白髪にいつもの濃紺のブレザー、片山が顔を見せると、すぐに記者達の輪が出来る。


ニッサンの新車発表会、主役は辻社長と開発担当主管。時に、久米会長も顔を出す。

顔を知っているはずなのに、記者達は寄っていかない。

「あの人の話しは、クルマのことより、いつも業界のことになるのです。」

記者が欲しいのは、記事になる自動車のニュース、業界の話題ではない。自動車雑誌の記者達はユーザーの代表、ユーザーが、どのクルマを選ぶかは、記者の書く記事で決まると言ってよいのだ。

もし本田宗一郎ならどうだろう。

社長、最高顧問の肩書きに関係なく記者は取り囲む。

そして、こんな話になるのだろう。

「元気にしてるか、どうだこのクルマはいいぞ、どこにも決して負けない世界一のエンジンだ。

このスタイル、君どう思う、きっと若い人に受けるだろう。良い記事を頼むぞ！」

社長時代の一九八六年十二月、久米は「企業理念」を定めた。

「わたくしたちは『お客さまの満足』を第一義としてお客さまを創造し、お客さまを拡げてゆくことにより、さらに豊かな社会の発展に貢献する、……」

自らペンを取り自慢の名文に書き上げ、カードにし全社員に配った。

自分だけは完璧、常に満点と思っている経営者だった、

しかし、お客さまの満足は記者に、クルマの夢を熱く語ることに始まることを知らないのだ。

片山は熱い思いを語る。

「最近の社長はどこか、唯《ただ》の会社の社長で自動車会社の社長ではない。

自動車会社の経営者が、クルマを知らないし、クルマを好きでも、クルマを愛してもいない。

ニッサン不振の根本原因はここにあるのだ。」と。

七・八　ダットサン・ブランドを消し去ったのは

一九八一年七月、ニッサン本社は「ダットサン」を廃し、輸出ブランドを「ニッサン」に統一した。

片山が入社した一九三五年四月、ニッサンの横浜工場、オフラインしたダットサン一号車の誕生を目にし、その日の感激を、彼は生涯忘れたことはなかった。

先輩から受け継ぎ、共に人生を歩み、世界的ブランドに育て上げてきたダットサン、その名が、彼の米国ニッサン退任の後を追うように、市場から消し去られたことが無念でならなかった。

「ブランド」、それは会社の「顔」であり、先輩から受け継いだ大切な「継承物《ヘリテージ》」である。

経営活動の第一は、ブランドの維持、向上を図ることなのだ。

ブランドはメーカーだけのものではない。販売店にとりブランドは、「私たちは正直です。」という顧客へのメッセージ、その積分値が店の「信用」となり、商品への「信頼」

となる。

ブランドは、販売店のものでもあり、それ以上に、信頼し、愛用しているユーザーのものなのだ。

「ダットサン」は、ニッサンの歴史そのもの、それは日本自動車工業の歴史でもある。

私達の父祖が、初めて乗り、最初に所有したクルマ。

アメリカの「T型フォード」、イギリスの「オースチンセブン」、ドイツの「VWビートル」、フランスの「シトロエン2CV」、イタリアの「フィアット500」、日本ではダットサン。

それは世界自動車史の第一ページでもあるのだ。

自動車の名門企業には、創業者の名を、ブランド名にしたものが多い。

「会社を語ることは、会社の歴史を語ることであり、それは創業者を語ることである。」

ブランドは、創業者の思想と哲学、理想と理念をメッセージとして今に伝えている。

創業者の名前と同じく、又はそれ以上に大切にされているブランドがある。「キャデラック」と「リンカーン」、「メルセデス」。

デトロイトの親父《おやじ》と呼ばれたヘンリー・リーランド。

彼は自分の創立した二つの自動車会社に、尊敬する二人の偉人の名を付けた。デトロイトを発見したフランス人探検家「キャデラック」と、南北戦争に勝利した大統領「リンカーン」である。

二つの会社はGMとフォードに合併されたが、その名は最高級ブランド車として今に残っている。

おそらく、それは今後も変わらないであろう。

自動車を愛し、自動車の歴史をも愛するアメリカ人は、キャデラックとリンカーンという名を愛し、その名を会社名とした白髯の老人をも愛しているからである。

一九〇一年、新型三十五馬力のダイムラー車に、欧州販売総代理店の有力者、オーストリア貴族の娘、メルセデス・イエリネック、十才の名が付けられた。「メルセデス」は優雅、典麗なスタイルにふさわしい美しい響きと気品のある名前、世界の最高級車として、ユーザーに今も愛されている。


ダットサンの祖父、橋本増治郎は友人から、

「メルセデスはラテン語でうさぎ、DAT（脱兎）号はメルセデスを意識してつけたのですか」

と問われた。

「それは初耳、全く知らなんだ。博覧会出品に際し三人の恩人、支援者の頭文字《かしら》を組み合わせ名付けたのです。しかし自動車の事業は脱兎《だっと》の如くとは参りませんでした」、と。

D＝田健治郎、A＝青山禄郎、T＝竹内明太郎は投資家でも銀行家でもない。

「自動車は工業としては成り立たない。」

誰もがそう思っていた時代から、三人は支援と声援を続けていた。

ダットサンは、明治の男達のロマンを今に伝えている。

今日、日本の自動車は世界一、二の生産高を誇っている。

この巨大産業は、決して一朝一夕に忽然《こつぜん》と世に現れたものではない。

今日の繁栄は、経営者と従業員の努力のみで成り立っているのではないのだ。

十八世紀、イギリスに産業革命が起こり、資本家と労働者、二つの言葉が生まれた。

資本家とは「株主」のこと、ダットサンは三人の株主の頭文字。

資本主義の歴史の中で、唯一無二の例に違いない。


ブランド変更に要した費用は、四〇〇億円とも一桁上《ひとけた》とも言われている。

北米と南米、ヨーロッパにアフリカ大陸、中近東、アジア全域にオーストラリア、日本を除く、全世界の販売店網とユーザーへの周知が対象となるのだ。

それにこれはテレビ・新聞広告による周知活動に要した「経費《コスト》」。目に見えない「損失《ダメージ》」、例えばユーザーの信用失墜、販売活動の混乱、社員のモラールダウンなどは勘定に入ってはいない。

その後のニッサンの長期低迷を考えると、経費《コスト》と損失《ダメージ》の比率は、一対一以上だったに違いない。

自然界の「氷山」は、1／8が海面に浮かび、7／8が海面下に広がっているのだ。

ブランドを守る為、巨額の費用と人材を投入、企業は日夜営々と努力しているのに、なぜニッサンは人々に親しまれ、ユーザーに愛されている「ダットサン」を放棄したのであろうか。

石原俊は『私と日産自動車』（日経新聞「私の履歴書」から転載）にこう書いている。

『五十六年七月に決めた輸出ブランドの「ニッサン」への統一は、その前にロンドンで開いた外債発行の説明会がきっかけだった。

「日産という会社はどんな自動車を作っているのか」という質問を受け、「これはいけない」と思った。

ダットサンは知っていても、それが日産の車だとは知らなかったのだ。』

片山は、これは非公式の風説だが、と前置きして真相を語る。

『初めてイギリスのサッチャー首相と石原が会った時、彼女が石原にこう尋ねたという。

「あなたのニッサンという会社は、どんなクルマを造っているのですか」

「そうですか、ダットサンを造っているのですか」

その瞬間、石原は驚愕《きょうがく》したという。サッチャー首相までもニッサンの名を知らない。日産自動車の社長と会っているのに、ダットサンは別の会社だと思っている。

イギリス人というのはジョークが好きだし、どうもそれはサッチャー一流のジョークを真に受け、通訳が直訳したためではないのか。サッチャーはユーモアとして石原をからかったに過ぎないと思う。

どこの国であれ、首相が初対面の重要人物と会う場合、事前に周到なブリーフィング、事前説明を受ける。ましてや、この会談はサッチャー首相の要請によるもの。イギリス経済の再建の目玉として、ニッサンのイギリス誘致は政権の前途をも左右する重要事項でもあったからである。

ニッサンとダットサンの区別くらい、当然承知の上の軽いジャブだったのである。

しかし、石原はそうは受け取れなかったのだ。』と。

石原の『私の履歴書』に、こんな記述がある。

「一九六一年、メキシコ日産自動車を設立したのは、メキシコ政府が完成車輸入を禁止する方針を打ち出し、当時既に米国、カナダ、メキシコの関税同盟の話がちらついていた。」

日経のデータベースで、米国、カナダ、メキシコの関税同盟（ＮＡＦＴＡ）をキーワード検索してみると、該当するのは一九九四年以降分になる。

米国・八〇〇〇ドル、カナダ・四〇〇〇ドル、メキシコ四〇〇ドル、と一人当たり国民所得に、一〇倍、二〇倍の格差があった時代、関税同盟（ＮＡＦＴＡ）の話が、一九六一年に「ちらついていた」ことなどありえないのだ。

ダットサンも、メキシコ日産設立の動機となる説明も、これは石原の「粉飾決算」と見てもどうやらよさそうである。

七・九　ミスターK、自動車の殿堂に入る

逆境の二〇年が経過し、片山にフォローの風が吹き始めていた。

「キース・クレイン」、アメリカ自動車産業を代表するオピニオンリーダー。オートモーティブ・ニュースの発行者兼編集主幹。

『アメリカ自動車一〇〇年』（一九九三・九・二十二）記念号の主旨。

「今から一〇〇年前、一台の原型《プロトタイプ》が誕生、この機械《マシーン》が世界を変え、今もアメリカを変えている。

私たちは、その衝撃《インパクト》の大きさを知らない、もし自動車がなければ、私たちの暮らしも社会生活も、異なるものになっていたに違いない。

この機械が工業を創《つく》り、自動車に係《かか》わる人と企業を育《はぐく》んできたのだ。

失意に沈《しず》み、夢破れた人たちもいる。それらの全てが、アメリカ自動車の歴史なのである。

そこには情熱《パッション》が満ち満ちていた。先人たちの熱い思いが自動車を偉大たらしめたのだ。

〝アメリカ自動車の一〇〇年〟

私は今再び彼らの情熱を蘇《よみ》がえらせ、心からの敬意を捧げたい。

彼らこそが、クルマのワクワクする魅力、アメリカの顔の歴史を創ってきたからである。」

フォード、GMの創立者・デュラント、キャデラックとリンカーンを創ったリーランド父子、ダッジ兄弟、オールズ、シボレー、クライスラー……アメリカ自動車史の英雄たち。

キース・クレインは、アメリカ自動車の一〇〇年に貢献した「一〇〇人の功績者」の中に二人の日本人、「ユタカ・カタヤマ」、「カズオ・ナカザワ」（ホンダUSA初代社長）を選んでいた。

「ここでは南北戦争はまだ終わってはいないのだ。」

一九七五年十一月、経営不振の代理店《ディストリビューター》を買収し、ニッサン・フォークリフトの現地法人社長として赴任した岩田公一は驚いた。

ケンタッキー州メイフィールド、人口一万人、スーパーとレストランが数軒あるだけの田舎町。

オフィスを三〇〇マイル北、ミズーリ州のセントルイスへの移転話に、従業員は猛反対した。

「あそこは北軍《ヤンキー》の町、彼らと一緒に働くのは嫌だ、辞めたい。」

結局、オフィスは二〇〇マイル南、テネシー州のメンフィスへ移した。


それから二〇年後、一九九五年五月、片山の元に米国ニッサン社長時代の秘書、ジョニー・リナードから招待状が届いた。

「Zカークラブの二十五周年記念大会をこの夏、アトランタで開催するので、是非出席してほしい。」

記念行事の構想はサンディエゴZカークラブの「デーヴ・ドレイパー」が提案した。

彼は現地調査に二年、連絡と確認に費やした。

「アメリカ合衆国をキャンバスに、Zを描く。」

出発は「ソルトレイクシティ」、ルート80で東に「フィラデルフィア」へ、そして斜めに大陸を横断し西へ「ロスアンゼルス」、ルート20で今度は東に。ゴールの「アトランタ」では一週間の記念行事が組まれていた。

期間二ヵ月半、全長一万マイル、二十五周年にちなみ、Zカー支部のある二十五都市をつなぐ、会員たちはそれぞれの区間を、土日を利用し、愛車を運転し「Zカーパレード」に加わった。

参加台数は延べ一八〇〇〇台に達した。

デーヴ・ドレイパーのデザインしたのは「大いなる旅路《グランツーリスモ》」だった。

Zカーは、アメリカのサイズにジャスト・フィットした「G・T」だった。

T型フォードが、「点」と「点」を「線」に結び、そして「面」に広げ、「アメリカ合衆国」を作ったクルマとすれば、二四〇Zは「南」と「北」との距離を短くし、「南北戦争」を終わらせたクルマに違いない。

これこそがZカーの特徴なのだ。T型フォード、VWビートルにも、キャデラック、リンカーンの大型車にも、ジャガー、ポルシェのスポーツカーにもないものだった。

ロングドライブにも故障の不安がなく、スタンドのない無人の原野を走っていても予期せぬガス欠の心配がなかった。

Zカーは、都市とその近郊にとどまらず、アメリカ大陸を南の端から北へ、西の端から東へと、仕事の半径、人々の交流の輪を広げていったクルマだった。

五月十三日「ソルトレイクシティ」を出発、七月二十五日「アトランタ」にゴール。最後は三〇〇台、五〇〇〇人が集合、「マリオット・ギネット・パレス」で記念集会バーベキューパーティーが開かれた。

「ミスターK」の紹介に会場の全員が興奮し総立ち、スタンディング・オベーション、歓喜の歓声と拍手はいつまでも終わりなく続いた。片山の生涯に、こんなに熱烈な大歓迎は初めてだった。

アメリカを離れ、あの日から二〇年も経っていたのに。

苦労を共にした昔の仲間たちではない、彼らの子や孫たちの世代なのだ。祖父に聞き、父が語ってくれた、あの伝説上の人物、「ミスターK」、「Father of Z car」に会って共に語り、握手もできたことに歓喜していたのだ。

「ZCCA」(アメリカ　Zカークラブ）会長の「マッド・マイク」、Zカーパレードを企画した「デーヴ・ドレイパー」二人とはアトランタで会ったのが初めてだった。

誰もが初めてとは思わなかった、苦労を共にした昔の仲間や友人たち、その再会のようだった。

日本とアメリカ、友好親善一五〇年の歴史、こんなに歓迎された人は、これまでにいただろうか。

ミスターKの素敵な笑顔、誰をも分け隔てなく接する素直な態度、「Love car, Love people, Love life」のモットーが人種・性別・職業・年齢を超えたアメリカ人の共通分母。それが片山と彼らとを結ぶ絆になっていたのだ。


アメリカ人誰もが愛し、最も誇りに思うもの、それは野球と自動車。

この二つには「殿堂」がある。

「野球の殿堂」にはベーブルース、ゲーリック、ディマジオ、……伝説の巨人たち。

「自動車の殿堂」には、米国の英雄たちと共に、独のダイムラー、ポルシェ、オペル兄弟、英国のF・ロイス、仏のプジョー、シトロエン、伊のフェラーリ、ブガッティ、日本からは本田宗一郎、豊田英二、田口玄一。片山豊は、一九九八年十月、四人目の日本人として栄誉に列なった。

キース・クレインは、片山の殿堂入りを『オートモーティブ・ニュース』に紹介している。

「素晴らしき時代」

ミスターKにお会いした。米国自動車殿堂入りのため、ミシガン州ディアボーンに来ていたのだ。

片山豊氏が八十九才になったこと、一九七七年に日産を退社したこと、私には信じがたかった。

彼はアメリカに素晴らしい遺産を残してくれた。彼は殿堂入りするのにふさわしい人物である。

私が初めて会ったのは、彼がダットサンをビッグブランドにしようとしている時だった。日産が若いやり手ではなく、五〇才の経営者を派遣してきたことに違和感があった。しかし彼は上司に従順ではなかったし、本社がもう彼に悩まなくてすむと考えれば納得がいく。

アメリカではダットサンがたくさん売れるはずがないと思っていたのだ。

日産はミスターKを知らなかったのだ。

最初はピックアップ、そしてセダン。一歩一歩、彼はダットサンをビッグブランドに育てていた。

私の記憶が確かなら、彼が退職する時には、年間五〇万台のダットサンを売っていた。

彼がアメリカに来た時は、わずか数百台に過ぎなかったから、それはとてつもない数字だった。

片山氏は二四〇Zの成功で知られている。

二四〇Ｚは素晴らしいスポーツカーで、ダットサンを有名にしたクルマだ。

彼は本社に話をつけ、アメリカでは日本名を使わなかった。

もしフェアレディならば、同じように成功したかどうか、私は疑問に思う。

ミスターＫは、五一〇のように数字を使うと決めていた。

そのやり方は、今日ドイツの会社の慣習となり、それは日産が放棄した慣習だった。

ミスターＫがアメリカに来てすぐ、彼は自社の販売網が必要なことを認識していた。

彼は、第一歩から始め、強力な販売システムに築いていた。

彼はディーラーをひたすら大切にした。ディーラーの人たちをファースト・ネームで呼びかけた。ディーラーも彼に応えて、ダットサンを大いに売った。みんなが大成功したのだ。

彼は殿堂入りをした、八十九才、彼のモットーは変わっていない。

「クルマを愛し、人を愛し、人生を愛す」

七・十　ダットサン二人の応援歌

東京・自由が丘二丁目、真白な三階建てのビル「ユレカ」。浮力の原理を発見した歓喜の雄叫《おたけ》び。ギリシアの哲学者、アルキメデスは「ユレカ」（われ発見せり）と叫び、風呂から飛び出し裸のまま、シラクサの町に駆け出した。

このビルの三階に、ミスターＫのオフィスがある。

イタリア・ルネッサンスを代表するラファエロの「アテナの学堂」、この絵とカナディアンメープルの大きな丸テーブルと十二脚の椅子がこの部屋のテーマ。若い男女と楽しいワインパーティ、「クルマの夢」を語り合うのが、ミスターＫの若さと元気の秘密といえる。

二〇〇三年九月十五日、「アカデミア・ユレカ」恒例のミスターＫ、九十四回目のお誕生会。

風間義平さん、横浜の「パティスリー・ギー」店主、特製のバースデーケーキのカット、

ＡＰ通信社特派員、景山優理さんからの花束贈呈、
長期休暇をとり、アラスカで鱒釣り中のハルバースタムからお祝いのメッセージも届いた。
伝達者《メッセンジャー》はニューズウィーク東京支社の髙山秀子さん。

なんと、光と翳《かげ》のおりなす人生、
なんと、物語りにみちた経歴、
そのきらめきの結晶があなたの仕事。
かがやきはニッサンを成功に導いたことではなく、
クルマの本質をスポーティーなものに変えたこと。
そして、それ以上に光彩をはなつと私が思うのは
日米に夢を実現する人達の橋を架けられたことなのだ。

私の愛と賛美をあなたに

二〇〇三年九月十五日　　デビット・ハルバースタム。

これはミスターＫの人生、最高の賛辞に違いない。

ニッサンのカウントダウンが始まったあの日から二〇〇〇日、その日の東京は雨だった。

「カルロス・ゴーンの登場」

一九九九年六月二十五日、ニッサンの株主総会。

七台のテレビカメラがニッサン本社の玄関口に集っていた。

総会は様変わり、だった。

総会屋の怒号も、最前列で「異議なし」を叫ぶ社員株主の声もなかった。

株主の質問も真剣だった。

「石原さんは、なぜルノーのことを、二流、三流の会社と悪口を言うのか……。」

「ダイムラー・クライスラーとの提携破談は、借金漬け、高コスト体質が嫌われたせいなのか……。」

「販売低迷の最大要因、私は〝日産のデザインにある〟と思うのだが……。」

総会議長の塙《はなわ》社長は、質問のひとつ一つに簡潔・丁寧に対応していた。

最後に、取締役に選任されたカルロス・ゴーンがメモを取り出し、日本語を読み上げた。
・私はルノーのために、日本に来たのではない。
・今のままでは、ニッサンは立ち行かなくなる。コストを下げ、収支を改善することが必要だ。
・経営者の使命は魅力あるクルマを市場に送り、ブランドアイデンティティを確立すること。
・私はニッサン再生のために日本に来たのだ。
言葉に過不足がなく、起承転結のリズムがよい。

彼は「経営のプロフェッショナル」だった。

ミスターＫがゴーン社長に会ったのは、来日、半年後の一九九九年九月二十八日。

場所はニッサン本社、二人はランチを取りながら語り合った。

片山「ダットサンブランドを復活して欲しい……。Zカーの復活をお願いしたい……。」

ゴーン社長の話しはフランクで率直だった。お互い一目で好感を持ったようなのだ。

ゴーン「私の使命は、ニッサンの再生にあります。ダットサン復活はそれに競合します。いずれはありえるかもしれませんが……。」

片山「ダットサンの件はわかりました。Zカーはいかがでしょう。Zカーはフラグ・シップ、その復活はニッサン再生のメッセージになるのです。」

ゴーン「Zカーの価値は認識しています。私の好きなクルマなのです。Zカーの復活は約束します。」

（満足すべき回答。しかしミスターKは、もう一歩踏み込んだ。）

片山「発売はいつになりますか？」
ゴーン「ウーン、二〇〇二年かなあ……。」
（期待以上の収穫、しかしミスターKは更にもう一歩踏み込んだ。）
片山「価格はいかほどに？……米国でZカーが売れないのは、ツインターボ、四万ドル、フェラーリのような高級・高価なスーパーカーにしたからなのです。Zカー本来の市場は健在です。ぜひ手の届く価格帯《アフォーダブル》に、二万ドルでいかがでしょう。」
ゴーン「それは安すぎる。三万ドルではどうかな……。」
片山「その中間の二万五〇〇〇ドルならば……。」
ゴーン「ウーン、もう少し、二万七五〇〇ドルあたりなら……。」

片山は、その日の感想をこう語った。

「打てば響き、その音色が澄みきっている。彼は正直、信用できる男だ。」

「言葉に飾りや無駄がない。クールだが冷たくはない、むしろ温かい人だ。」

「今日を重視し、しかも明日のことも考えている。戦略眼を持った経営者なのだ。」

「クルマのことを実に良くわかった社長だ。それがニッサンには何よりも素晴らしい。」

片山の結論、次の「セリフ」は、その後何度も聞かされた。

「ルノーから、実にいい男が来てくれた。彼ならきっと、ニッサンを再生してくれる。」

「レイ・ホーエン、カルロス・ゴーン、私は二度までルノーから来た男に助けられた。」


ゴーン社長は、Zカーの復活、発売の時期も価格も、ミスターKとの約束を守った。

新車のデザイン・仕様は、発表近くまで伏せられる。しかし、Zカーは違った。

ゴーン社長は、二〇〇一年一月の「デトロイト自動車ショウ」、発売の一年半前に、Zカーの試作車を登場させたのだ。

工場閉鎖、系列の解体……、ゴーン社長はニッサンの赤字体質を改革、経営収支を改善した。

しかし、これは戦闘準備のレベル、戦いの主戦場は自動車の大市場、アメリカとなる。

しかも、輸入車のトップブランドだったダットサンの栄光は昔の夢物語。

魅力ある商品が少なく、価格を一〇〇〇ドル安くしないと売れない、ニッサンは不振を極めていた。

ブランドイメージが低下し、アメリカのユーザーは日産車を買う意味を掴《つか》めずにいたのだ。

「戦略は、シンプルにしてインパクトあるメッセージがベスト。」

「Zカーを復活する、日産は復活《ニッサンイズバック》した。」

このメッセージでユーザーが再び戻り、機能を停止していたニッサンの組織と人が動き出したのだ。

自動車アナリスト「マイケル・ロビネット」は、その週のニューズ・ウィークに語っている。

「ニッサンのルネッサンスは、Zカーから始まるだろう。復活の先導には、Zカーのようなオーラを放つクルマが必要なのだ。」と。

囲碁の世界では、たった一石で、これまで死んでいた石が息を吹き返すことがある。

ビジネスの世界は、オセロゲームなのかもしれない。
東と西、右と左、パートナーが必要となる。
潮流を反転させるパワーとオーラ、誰からも信頼され愛されている男。
「ミスターK」、彼こそ、その人に違いない。
日本とアメリカ、モーターショウやZカー発表会、Zカーファンクラブの集い。
一人は日本、一人はアメリカ、二人は分担し、時には一緒に姿を見せた。
「第三段階を象徴するクルマといえば、何といってもフェアレディZです。
Zこそがニッサンの再生の象徴といえます。」
ゴーン社長は『文藝春秋』、二〇〇三年八月号に語っている。
ミスターKへのニッサンの報酬は……と誰もが思うに違いない。
それは。ナンバーが二三《ニッサン》の「Zカー一台」とニッサンの「名刺」が一箱。
「アドバイザー　片山豊　日産自動車株式会社」
ミスターKにふさわしい、とても素敵なプレゼントだった。

「ダットサン」は、その後どうなったのだろう。

二〇〇二・十二・三、ナショナル・プレスセンターでの記者会見。

ゴーン社長の話しが終わり、テレビレポーターが質問に立った。

「あなたはZカーを復活させた。それでダットサンについてはどうお考えですか。」

「ダットサンがニッサンに次いで知られた名であることは事実だ。
今も、ニッサンはダットサンの権利《オーナーシップ》を保有している。
それを、将来使うかって？……それは確かなことだ。
どのように、いつ……今作業中としか言えない。
ダットサンの名前にブランド価値《イクイティ》があることは知っている。
それは資産価値のあるものになるだろう。
重要なことは、ダットサンが我々の大切な継承物《ヘリテージ》ということ、
ニッサンは、将来のために、それを最高のカタチで使うだろう。」

「ＧＲＥＡＴ！」

片山は、ゴーン社長の記者会見での発言を、サインペンで太く丸で囲み、喜びの心境を「ＧＲＥＡＴ！」と表現。「ＨＥＲＩＴＡＧＥ」には「後世に傳える可き価値ある遺産、継承物」と訳も書き添えて、一枚のコピーを送ってくれた。

アカデミア・ユレカのチーフ・スタッフ、福永朱里さんのメモだった。

片山は、ビルの名を「ユレカ」にするほど、少年時代から「アルキメデス」に傾倒していた。

彼は、現代のエンジニアの始祖とも言える、哲学者というより科学者であり技術者だった。

アルキメデスは「浮力の原理」の他にも、「テコの原理」、「滑車」、「ポンプ」を発明している。日本との関係も古い。江戸時代の佐渡金山ではポルトガル伝来の「南蛮輪」、アルキメデスのポンプは、螺旋形《らせんけい》の中空の筒を回転し、地下水の汲み上げに使われていた。

アルキメデスは友人に「梃子《レバレッジ》の原理」を問われ、

「私に立つ場所さえ与えてくれれば、私は地球をも動かしてみせる。」と。

片山は、ダットサンの今後について、ゴーン社長とニッサンの若い人たちに期待している。

「どのように、いつ。」

ダットサンがニッサンの確固たる「根《ルーツ》」と、自由に大空を飛翔する「翼《ウイングス》」になって欲しいと。

クリーンエンジン、ＣＯ２の削減、新エネルギー対応……。

ニッサンの前途には、いくつもの困難が立ちはだかるだろう。

それらを動かす「テコ」に、ダットサンがなって欲しいのだ。

ケネディ大統領は、一九六三・九・二〇、国連総会で「核実験禁止条約」について演説した。

「この条約は、戦争をこの地上から無くすことはできない。また、全ての人間に自由を与えることもできないだろう。しかし、それはひとつの「テコ」にはなる。

アルキメデスは友人にテコの原理を説明。

〝私にしっかりと立てる場所さえ与えてくれるなら、私は世界を動かして見せる〟と。

この惑星に住む友人よ。国連の場にしっかりと立とうではないか。

そして、この時代のうちに世界を永遠なる平和へと動かす努力をしようではないか……」

と。

ケネディの胸中に、人類の未来と平和への夢が果てしなく広がっていたに違いない。

この物語がダットサンの再生に、ニッサンの未来のための「テコ」になってくれれば嬉しい。

この本はミスターKと私、「ダットサン、二人の応援歌」なのだから。

おわりに

私がダットサンの物語、七人の人々との係《かか》わりを持ったのは、「日本経営史研究所」の並河みつえさんと一期一会の出逢いがあったからだ。往時茫々《おうじぼうぼう》、しかしいくつかの言葉が私の記憶の中に蘇《よみが》えってくる。

それは歴史アーカイブ、企業の社史担当の集まりだった。
場所は銀座「治作」、三〇名を超え、とても盛況だった。
挨拶が終わり、会の事務局の女性スタッフが私の前にやって来た。
「下風さんは、ニッサンの方でしたね、ゴーハムさんをご存知ですか。」
「先月の研究会は日立精機さん、記念に『ウィリアム・ゴーハム傳』を頂きました。
さっそく読んで、とても感激し感動いたしました。

私はもっと、ゴーハムさんのことが知りたくなりました。
日本に帰化し、日本で亡くなられたのですね、
私はまず、お墓に行ってみたいのです、
ご存知でしたら、教えて頂けませんか。」

私は、何も知らず、何も答えられず、とても恥ずかしかったのだ。
私はプリンス自動車入社の故と思い、日産のプロパーの面々に聞いてみたが、私と同じだった。

技術系の役員に訊ねてみた。
「それは神代《かみよ》の話、どこかで名前を耳にしたことはあるが、なにも覚えていないね。」
夜郎自大《やろうじだい》、技術の継承がない組織だった。
調査部のライブラリーに、『ウィリアム・ゴーハム傳』があった。
これは、技術のニッサンの源流かもしれない。
お墓は多磨霊園にあるらしい。

次の日曜日、快晴、私はカメラを持って出掛けた。

外人墓地の区画に、その名前の墓はどうしても見つからない。

私は墓地の管理事務所に行った。

「お訊ねの方はリストにはありません」

そんな筈がない、おかしい……。

「日本に帰化された方ですか……。日本ではどんなお仕事を……。」

「あ、ありました。自動車設計技師、この方です。」

地図に道順を入れてくれた。

「素敵なデザインのお墓だ。鎌倉の東慶寺《とうけいじ》・瑞泉寺《ずいせんじ》にもこの造形はない」

そこは、外人墓地ではなく、日本人の区画だった。

墓地の名儀人は齋藤喜平氏、日立の経理を担当、奥様の寿賀子さんにお逢いした。

八〇歳を過ぎて現役の歯科医、色白で白髪、笑顔が若々しい。

「二人のご子息が帰米、ヘゼル夫人も亡くなられて、都の規則では無縁仏になってしまいます。

それで主人が、齋藤家が代々、ゴーハム夫妻の墓守りになる、と決めたのです。片隅に小さな墓を建て、名儀を私共に移し、主人は今そこに眠っております。ご仏事は今は私が営《いとな》み、私が亡くなったら子供達が引き継いでくれることに決めております。」

隣りにご子息がおられ、名刺を交換した。

「日立プラント建設（株）、横浜支店長　齋藤襄一」とあった。

『活花のマニュアル』を拝見した。

手漉《てす》きの和紙《わし》を和綴《わと》じ、自然のままの草花の端正で美しい描線、本格的な日本画だった。

ゆかりの方々のリストを戴き、翌週私がお訊ねしたのは、成城学園の藤田稔氏だった。

私の「七つの海の航海」がこの日に始まったのである。

「水先案内《パイロット》」をしてくれたのは、知的で優秀な歴史アーカイブ担当の女性スタッフ。

・岡崎市市史編纂《へんさん》室　尾崎和佐さん

・横浜市市史編集室　曽根妙子さん

・東京豊島区郷土資料館　横山恵美さん
・ニッサン調査部　西山美恵子、稲葉真弓さん

著作資料、多くの皆様の学恩に浴している。
私が「海図」としていつも傍《かたわら》に置いていたのは、二人のこの二冊である。
・「自動車」、「世界の自動車」（奥村正二、岩波新書）
奥村正二氏はニッサンOB、技術史、産業史の大先達、
・「昭和のダットサン」、「ダットサンの五〇年」（小林彰太郎、二玄社）
ダットサンの経歴と写真、仕様と図面の全てをこの本に見ることが出来る。

二〇〇九年八月十八日、ニッサン本社は創業の地、横浜に移転する。

「去年今年《こぞことし》　貫《つらぬ》く棒《ぼう》の　如《ごと》きもの」
この高浜虚子の句のように、

快進社とニッサンの歴史、
日本とアメリカの自動車工業、
東京と横浜の二つの都市、
を貫く棒のような物語になればと思って書いてきた。

そして、九月十五日が、片山豊氏の一〇〇回目のお誕生日。
この物語を、世紀を生き抜いたミスター・Ｋの記念《メモリアル》に読んでいただければ嬉しい。

平成二十一年九月吉日、　著者

著者略歴

下風憲治

昭和13年北海道室蘭市生まれ。北海道大学法学部卒。プリンス自動車工業、日産自動車で33年間、教育、人事、調査、広報を担当する傍ら、日産自動車史、日本自動車産業史などを編纂。

現在　ACADEMIA EUREKA senior staff

ダットサン 二人の応援歌

2023年5月31日発行

著　者　下風憲治
発行者　向田翔一

発行所　株式会社22世紀アート
〒103-0007
東京都中央区日本橋浜町3-23-1-5F
電話　03-5941-9774
Email: info@22art.net　ホームページ：www.22art.net

発売元　株式会社日興企画
〒104-0032
東京都中央区八丁堀4-11-10 第2SSビル 6F
電話　03-6262-8127
Email: support@nikko-kikaku.com
ホームページ：https://nikko-kikaku.com/

印刷
製本　株式会社PUBFUN

ISBN：978-4-88877-199-3